U0724498

常见的水生植物

植物百科编委会　编著

中国大百科全书出版社

图书在版编目（CIP）数据

植物百科．常见的水生植物 / 植物百科编委会编著．
北京：中国大百科全书出版社，2025．1．-- ISBN 978
-7-5202-1804-7

Ⅰ．Q94-49

中国国家版本馆 CIP 数据核字第 2024BM4898 号

总 策 划：刘 杭 郭继艳
策划编辑：张会芳
责任编辑：宋 娴
责任校对：邵桄炜
责任印制：王亚青
出版发行：中国大百科全书出版社有限公司
地 址：北京市西城区阜成门北大街 17 号
邮政编码：100037
电 话：010-88390811
网 址：http://www.ecph.com.cn
印 刷：唐山富达印务有限公司
开 本：710mm×1000mm 1/16
印 张：10
字 数：100 千字
版 次：2025 年 1 月第 1 版
印 次：2025 年 1 月第 1 次印刷
书 号：ISBN 978-7-5202-1804-7
定 价：48.00 元

—— 总　序

这是一套面向大众、根植于《中国大百科全书》第三版（以下简称百科三版）的百科通俗读物。

百科全书是概要记述人类一切门类知识或某一门类知识的完备的工具书。它的主要作用是供人们随时查检需要的知识和事实资料，还具有扩大读者知识视野和帮助人们系统求知的教育作用，常被誉为"没有围墙的大学"。简而言之，它是回答问题的书，是扩展知识的书。

中国大百科全书出版社从 1978 年起，陆续编纂出版了《中国大百科全书》第一版、第二版和第三版。这是我国科学文化建设的一项重要基础性、标志性、创新性工程，是在百年未有之大变局和中华民族伟大复兴全局的大背景下，提升我国文化软实力、提高中华文化国际影响力的一项重要举措，具有重大的现实意义和深远的历史意义。

百科三版的编纂工作经国务院立项，得到国家各有关部门、全国科学文化研究机构、学术团体、高等院校的大力支持，专家、学者 5 万余人参与编纂，代表了各学科最高的专业水平。专家、作者和编辑人员殚精竭虑，按照习近平总书记的要求，努力将百科三版建设成有中国特色、有国际影响力的权威知识宝库。截至 2023 年底，百科三版通过网站（www.zgbk.com）发布了 50 余万个网络版条目，并陆续出版了一批纸质版学科卷百科全书，将中国的百科全书事业推向了一个新的高度。

重文修武，耕读传家，是我们中国人悠久的文化传承。作为出版人，我们以传播科学文化知识为己任，希望通过出版更多优秀的出版物来落实总书记的要求——推动文化繁荣、建设中华民族现代文明，努力建设中国式现代化强国。

为了更好地向大众普及科学文化知识，我们从《中国大百科全书》第三版中选取一些条目，通过"人居环境""科学通识""地球知识""工艺美术""动物百科""植物百科""渔猎文明""交通百科"等主题结集成册，精心策划了这套大众版图书。其中每一个主题包含不同数量的分册，不仅保持条目的科学性、知识性、准确性、严谨性，而且具备趣味性、可读性，语言风格和内容深度上更适合非专业读者，希望读者在领略丰富多彩的各领域知识之时，也能了解到书中展示的科学的知识体系。

衷心希望广大读者喜爱这套丛书，并敬请对书中不足之处给予批评指正！

《中国大百科全书》编辑部

"植物百科"丛书序

　　全世界已知约 30 万种植物，它们的个体大小、寿命差异很大，从肉眼看不见的单细胞绿藻，到海洋中的巨藻和陆地上庞大的、寿过几千年的"世界爷"——北美红杉，都属于植物。植物与人类的关系极为密切，它们是地球上的初级生产者，是其他生物直接或间接的食物来源和氧气的制造者，在维持物质循环、生态系统相对平衡和生物多样性上具有极其重要的作用。

　　植物有多种分类方式。根据植物分类学，可将植物分为藻类植物、苔藓植物、石松类植物、蕨类植物、裸子植物和被子植物。日常生活中，常根据植物的生长环境或者用途等进行分类。如按照生活环境（生境）和生活方式，植物可分为陆生植物和水生植物；根据是否有人为干预，分为栽培植物和野生（野外）植物。其中，栽培植物最初是野生植物，经过人工培育后，具有一定生产价值或经济性状，遗传性稳定，能满足人类的需求。按照人工栽培环境，植物可分为大田植物、阳台植物、庭院植物、公园里的植物等。根据植物生长的地理分区，还可分为南方植物和北方植物。由于植物是自养型生物，一般无须运动，因而植物常是固定在某一环境中，并终生与环境相互影响。但植物在某个环境的常见为相对常见，并非绝对，如某一植物是庭院植物，也是阳台常见的植物，某些南方植物也可能出现在北方的温室中。

　　为便于读者全面地了解各类植物，编委会依托《中国大百科全书》

第三版生物学、渔业、植物保护学、林业、园艺学、草业科学等学科内容，精心策划了"植物百科"丛书，选择相对常见的植物类型及种类，编为《餐桌上常见的植物》《阳台上常见的植物》《庭院里常见的植物》《公园里常见的植物》《北方野外常见的植物》《南方常见的植物》《常见的水生植物》等分册，图文并茂地介绍了各类植物。

　　希望这套丛书能够让读者更多地了解和认识各类植物，引起读者对植物的关注和兴趣，起到传播科学知识的作用。

植物百科丛书编委会

目　录

第 1 章　挺水植物　1

第1章

挺水植物

禾本科

稻

稻是禾本科稻属草本植物。又称禾、谷。古称稌、秔等。

野生稻大多为多年生，栽培稻则为一年生。稻是世界重要粮食作物之一。

◆ **起源与地理分布**

栽培稻是由野生稻在长期的自然选择和人工选择的共同作用下演变而成。野生稻的种类很多，自生于亚洲、非洲、大洋洲、南美洲的热带和亚热带的沼泽地或河流盆地。大多匍匐散生，粒小而长，有芒，极易落粒。1931 年，R.J. 罗斯契维兹（R.J.Roschevicz）根据稻属植物的形态和地理分布，将稻属植物分为 4 组，包括 19 个野生种，并认为其中的栽培型野生稻组中所包括的 5 个野生种是现今栽培稻种的祖先。此后，由于新的野生种不断被发现，又有不少学者对稻属植物的分类和命名提出了各种改进意见。1963 年，在菲律宾国际水稻研究所举行的水稻遗传和细胞遗传学会议上，对于稻属中的 19 个种提出了新的分类和命名。

1976 年，张德慈又对分类法做了改进，将稻属分为 20 个种。

　　稻属中只有普通栽培稻（亚洲栽培稻）和光稃稻（非洲栽培稻）为栽培稻种，染色体数，为 AA 染色体组。根据遗传结构和形态特征的相似性，不少学者认为普通栽培稻是由多年生普通野生稻演化而成。光稃稻是一个较原始的栽培稻种，在西非以西的部分地区仍有栽种，可能系由多年生野生稻演化而成。

　　关于亚洲栽培稻的起源中心问题，争论颇多。根据中国学者丁颖的研究，在中国迄今所发现的 3 个野生稻种，即普通野生稻、药用野生稻和疣粒野生稻中，普通野生稻的性状与栽培稻的籼稻最相类似，且二者易于杂交结实，故可认为是亚洲栽培稻的祖先。这个野生稻种在云南、广东、广西和台湾等地的主要河流流域和沼泽地有广泛分布。20 世纪 70 年代在浙江余姚河姆渡遗址和桐乡罗家角遗址发现的稻谷遗存物，碳同位素测定距今均已有 7000 年左右。中国已发掘的新石器时代遗址中，发现有稻谷遗存物的达 100 多处，其中湖南道县玉蟾岩遗址出土的栽培稻遗存物距今已有 1.2 万～ 1 万年。殷商时（前 16 ～前 11 世纪）甲骨文中出现🌾、🌾🌾等"稻"字，也属世界最早。因而可认为中国栽培稻有独立的演化系统；中国南方云贵高原一带是中国栽培稻，甚至可能是世界栽培稻的起源地。瑞士植物学家 A.P. 德堪多认为，普通栽培稻起源于中国至孟加拉国一带。苏联植物学家 N.I. 瓦维洛夫主张印度起源说。现在多数学者认为中国云南和印度阿萨姆邦一带是普通栽培稻的起源地，由此向西、向南传入印巴次大陆和中南（印度支那）半岛，向东传入中国南方和长江流域，然后由中国中部、南部或由华北经朝鲜传入日本。非洲现在种植的普通栽培稻是 10 世纪前后由阿拉伯人传去的稻种,分布于西非的非洲栽培稻曾随移民传到美洲,但几乎未向其他地区扩散。

稻的生产遍及除南极地区以外的各大洲,从北纬 50°～51°(中国黑龙江的黑河流域)到南纬 34°～35°(南美洲大西洋沿岸),从平原到海拔 2700 米的高原地带都有栽培。因受季风影响,亚洲多数国家尤其是东亚、南亚和东南亚国家的雨量充沛,气温较高,植稻历史悠久,是水稻生产最集中的地区,总产量占全世界水稻总产量的 90% 以上。2021 年,世界水稻总产量为 7.87 亿吨,在世界农作物总产量排名中仅次于甘蔗、玉米和小麦,居第四位。其中,中国水稻总产量为 2.13 亿吨,居首位;印度第二(1.95 亿吨),再次为孟加拉国、印度尼西亚、越南、泰国等,日本、缅甸、菲律宾、朝鲜、柬埔寨等国也有种植。此外,美国、墨西哥、哥伦比亚、秘鲁、古巴、俄罗斯、乌克兰、意大利、西班牙、法国、埃及、塞拉利昂、坦桑尼亚、马达加斯加、马里、尼日利亚及澳大利亚等国也有稻的栽培。

稻的生产在中国遍及各地,以秦岭淮河一线以南为主。广东、广西和福建主要是双季连作稻;长江流域各地也有一部分双季连作稻;长江、黄河之间是发展中的稻麦两熟地区;黄河以北,东北至黑龙江,西北至新疆,不少是新稻区和盐碱地稻区,其中有不少是商品粮比重很高的高产稻区。1957 年,丁颖根据中国稻作区域的自然条件、品种类型、耕作制度以及行政区域等特点,将中国划分为华东、华中单、双季稻作带,华南双季稻作带,华北单季稻作带,东北早熟稻作带,西北干燥区稻作带,西南高原稻作带 6 个稻作地带。

◆ 类型

栽培稻可按形态特性、生育期长短、生态适应性和籽粒的生化成分等区分为不同的类型，如籼稻和粳稻，糯稻和非糯稻，水稻和陆稻，早稻、中稻和晚稻。但彼此之间具有亲缘系统上的联系性，因而类型的区分只是相对的。

籼稻和粳稻

籼稻和粳稻是栽培稻种的两大类型或亚种，也有主张再加一个爪哇型。对于二者之间的亲缘关系，一般认为籼稻是栽培稻的基本型，粳稻是籼稻的变异型。日本学者曾把籼和粳定名为印度型和日本型。丁颖把籼稻定名为籼亚种，粳稻定名为粳亚种，以反映二者的亲缘关系。但周拾禄根据中国北方距今 5000 年以上文化遗址和江汉平原、江浙一带至云南西部古文化遗址中出土粳稻的事实，以及具有野生稻特性的"塘稻"可与某些粳稻品种杂交结实的事实，认为粳稻不是由籼稻演变而成的生态变异型，而是两个亚种。近代的酯酶同工酶的测定也证实籼稻和粳稻在遗传上是异源。因此籼稻与粳稻的起源问题还有待进一步研究。

籼稻和粳稻的主要区别是：籼稻株型松散，分蘖强，叶色较淡，易落粒，成熟较快，通常无芒，米粒细长，颖毛短而散生，煮饭黏性较弱而胀性较好，适应于高温、多湿的亚热带和热带气候，在中国主要分布于华南和淮河以南的平地、低地。粳稻株形紧凑，分蘖弱，叶色较深，不易落粒，成熟较慢，有些品种有芒，米粒短厚，颖毛长而密或无颖毛，煮饭黏性较强而胀性较差，适应温带气候，且较耐寒，在中国除太湖地区外，主要分布于淮河以北各地。云贵高原地区在低海拔地区种籼稻，高海拔地区种粳稻，中间地带则籼粳交错种植。

糯稻和非糯稻

糯稻和非糯稻主要是米粒所含淀粉特性的差异。糯稻米粒含支链淀粉 98% 以上，不含或含很少直链淀粉，因而黏性强，胚乳干燥后呈乳白色，不透明，煮饭的胀性差。非糯稻谷粒除含支链淀粉外，还含有 20% ~ 30% 的直链淀粉，因而黏性小，煮饭的胀性大。糯米淀粉吸收碘的能力低，遇碘溶液呈棕红褐色；非糯米吸碘力强，则现蓝紫色。非糯稻和糯稻都有籼型和粳型。非糯稻与籼型糯稻杂交结实正常，与粳型糯稻杂交仅部分结实。

水稻和陆稻

野生稻自生于沼泽地区。关于水稻和陆稻的分化过程，也有不同意见。一般认为由野生稻驯化演变最初形成的栽培稻种是水稻；陆稻是栽培稻适应旱地生态条件而形成的变异型，在有水层的土壤上也能生长。二者的区别主要在于陆稻有较强的耐旱性，根系较发达，表皮较厚，气孔较少，裂生通气组织仅有残存。水稻特别是浮稻和深水稻根部与茎叶间有裂生通气组织贯通，故耐涝性强。浮稻和深水稻分布于江河下游低洼地带和湖泊沿岸的洼地、塘田、湖田。浮稻浮生水中，地上茎节能发根、分蘖，并随水位上涨而伸长，茎长可达 5 米以上；深水稻茎长 170 ~ 270 厘米，生存的水深可达 140 厘米左右。水稻和陆稻都有籼型和粳型。

晚稻和早、中稻

无论籼稻或粳稻，按生育期长短都可划分为早熟、中熟、晚熟。生育期长短由品种的感光性、感温性和基本营养生长性等遗传性决定。水稻原产于高温、短日照的热带地区，高温和短日照可使营养生长期缩短，低温和长日照则可使其延长。早稻、中稻、晚稻品种对温、光的反应也有不同。晚稻对短日照敏感，只有在严格的短日照条件下才能显示其感温性而正常抽穗成熟；早稻则对日照长短无严格要求，而感温性显著。水稻整个生育期分营养生长期和生殖生长期。生殖生长期较稳定，营养生长期则可分为基本营养生长期和可变营养生长期，后者易受温、光等条件的影响而变化。

◆ 形态特征

稻根属须根系，不定根发达，发根节位随生育过程而逐渐增多。根系主要分布在离土表 10 厘米以上土层中，分布范围也随发育进程而不断下伸扩大。

稻茎秆圆形，中空有节，一般由 9～19 个节和节间形成。茎上部 4～6 个节间能明显伸长，形成茎秆，基部 5～13 个节间不伸长。生育期长的品种茎节数和伸长节间一般多于生育期短的。茎内的维管束与根、叶内的维管束相连接，担负输导作用。此外，茎秆、叶鞘基部与茎节连接处和根部之间还有大量由薄壁组织的细胞间隙形成的裂生通气组织相互连通，是沼泽植物特有的，由茎、叶向根部输送空气的通道，作用在于补充水田供氧的不足。基节上的腋芽，在适宜条件下可形成分枝，称为分蘖。这类节称为分蘖节，这类腋芽称为分蘖芽。

稻叶有叶鞘和叶片，二者交界处为叶枕，内有叶舌，两侧有叶耳。叶鞘卷抱茎秆而不愈合，叶片为长披针形，大小和形状随叶位的高低和品种的不同而异。植株体内光合产物的运转与叶的部位和年龄有关，随着生育期的进展，处于功能盛期的叶片不断向高叶位转移。

稻穗为圆锥花序。穗轴上着生一次分枝，一次分枝上着生二次分枝。一次分枝和二次分枝的末端着生 1 个小穗，小穗基部有 2 个退化护颖。每个小穗有小花（又称颖花）3 朵，下部的 2 朵退化，仅残存外稃，位于发育小花的两侧。发育小花由外稃（外颖）、内稃（内颖）、2 个浆片（鳞被）、6 条雄蕊和 1 个雌蕊组成。内、外稃合缝位于扁形稻粒中间，而不在两侧，是稻属的特征。

稻的果实为颖果，带内、外稃的通称稻谷，除去内、外稃的通称糙米，除去糙米果皮和种皮的通称精米。内、外稃通称谷壳。果皮、种皮和糊粉层合称糠层（又称皮层），用小型碾米机碾米时将内、外稃和糠层连同胚一同剥离，成为精白米。大型稻米加工厂第一道工序是剥去内、外稃得到糙米，第二道工序再剥去糙米上的果皮和种皮。种皮有黄、红、紫、黑等颜色，是区别品种的重要特征。

◆ **生长习性**

水稻喜高温、短日照、多湿，对土壤的要求不严格，但以层次分明、保肥、保水、通气性好的水稻土为宜。土壤酸碱度要求接近中性，但酸性红壤和盐碱地，经灌水洗去酸性物质和盐碱后也可用于栽培水稻。陆稻能适应旱地栽培，但在淹水条件下生长发育更好，耐酸性也较强。水稻从种子萌发到重新形成种子的全部生育过程，可分为苗期、分蘖期、长穗期和结实期 4 个阶段。

苗期

稻的苗期从种子萌发开始。发芽的最低温度为 10 ～ 12℃，最适温度为 28 ～ 32℃。在水分多而氧气供应不足的条件下，先出幼芽；氧气供应充足，则先出幼根。首先破颖壳而出的芽鞘（鞘叶）呈筒状，不含叶绿素。接着从芽鞘长出第 1 张不完全叶（只有叶鞘，没有叶片）；以后长出的真叶都具有叶鞘、叶片、叶舌、叶耳等部分，为完全叶。胚根与芽鞘几乎同时破颖而出。当第 1 张完全叶生长时，芽鞘节上长出的不定根开始从土壤中吸收水分和养分。以后每抽出一叶，在其下第 3 节位上生出新根。在第 3 张完全叶展开前，幼苗赖以生长的养料主要来自胚乳，以后则靠根系从土壤中直接吸收养料，因此三叶期又称离乳期。一般在离乳期以前（即在二叶期）开始施用离乳肥。

分蘖期

当秧苗长出 4 张叶片时，即进入分蘖阶段。在田间条件下，这一时期要求日平均温度在 20℃以上，并有较强的光照条件和充足的肥水供应。直接从主茎上发生的分蘖称一次分蘖，由一次分蘖再发生的分蘖称二次分蘖。在大田一定栽植密度下，二次分蘖很少发生。能抽穗结实的分蘖为有效分蘖，不能抽穗结实的高位分蘖为无效分蘖。插秧过深、过密会使分蘖数减少。主茎上新叶的出现与分蘖的发生有一定的同步（同伸）关系，总是相差 3 个叶节。如主茎长出第 4 叶时，所发生的分蘖必定在第 1 叶节上，而第 1 叶节上的分蘖与第 5 叶同步，称为叶蘖同步（同伸）规律。根据这一规律，生产上可用主茎叶龄和分蘖节数来估计利用分蘖的潜力，确定合理的栽插密度和田间管理措施。

长穗期

长穗期即从茎秆顶端的生长点开始分化至抽穗前的阶段，也是茎的节间迅速伸长（拔节）的时期。历时 30 天左右。幼穗生长点一旦开始分化，植株就由营养生长转向生殖生长，分蘖停止，叶色褪淡，同时地上部节间开始伸长（生长期的晚稻是先拔节，之后才进入穗分化）。幼穗分化时，由剑叶原基的生长点形成第 1 苞原基，接着出现第 2、第 3 苞原基，并相继形成一次枝梗原基、二次枝梗原基和颖花原基，再由颖花原基分化出护颖、外稃、内稃、雄蕊和雌蕊原基，以后发育成幼穗。此时，幼穗长约 10 ～ 15 毫米，经生殖细胞形成期、减数分裂期、花粉外壳形成期和花粉成熟期后，长成稻穗。

上述幼穗分化发育的过程与 3 片顶叶的发育伸长和上位节间的拔长存在同步关系，可根据这种关系从茎、叶的生长情况来推测幼穗发育的程度。常用的方法有叶龄指数法、叶龄余数法和拔节期推算法等。稻穗大约在抽穗前 28 天开始伸长，抽穗前 20 天肉眼已能分辨。

颖花数的多少主要决定于穗分化的枝梗分化期，特别是二次枝梗分化期，穗分化的最适温度为 30℃左右。这一时期对环境条件反应敏感，低温能使枝梗和颖花分化期显著延长。特别是到了颖花原基形成和减数分裂期，抗逆性更弱，需要有足够的肥水供应和光、温条件，否则颖花数减少，已分化的颖花也易退化。

结实期

结实期是决定结实率与千粒重的关键时期。抽穗最适宜温度为 25 ～ 35℃。从穗顶露出叶鞘 10% 至全穗抽出需 3 ～ 5 天，全田自始穗至齐穗需 5 ～ 8 天。多于抽穗后当天或次日开花，开花的最适温度为 30℃左右，一般低于 20℃或高于 40℃时，受精会受严重影响。要求的相对湿度为 50% ～ 90%。一朵颖花由始开到全开需 10 ～ 20 分钟，开花时花丝伸长外露，花药裂开散粉后花丝凋萎，花药下垂，内、外稃随之闭合。一般上午 8 ～ 9 时开花，11 时左右达盛花，开花过程历时 1 ～ 2.5 小时。稻为自花授粉作物，异花授粉率极低。一般卵与一个雄核结合后 4 ～ 6 小时就开始细胞分裂，开花后 4 ～ 5 天幼胚分化，开花 7 天后基本形成，约 14 天后完全形成。另一雄核与胚囊中两个极核结合后成为胚乳核，再经不断分裂形成胚乳细胞层，开花后 4 天已充满胚囊，胚乳开始灌浆。7 ～ 8 天后米粒达最大长度，8 ～ 11 天达最大宽度，子房内胚乳呈白色乳状，为乳熟期。16 ～ 18 天后米粒达最大厚度，外形基本定型，胚乳中淀粉增加，并渐趋硬化，为蜡熟期。胚乳逐渐充实，直至谷壳呈黄色，米粒坚硬，为完熟期。收获时谷粒含水量常达 20% 左右。从穗分化至灌浆盛期，尤其是从颖花分化到减数分裂阶段，是结实的关键时期。良好的营养状况和高光效的群体结构，对于保证这一时期光合生产的速度，以及植株体内物质运转和分配状况的良好，以提高结实率和粒重，具有重要

稻穗

作用。籽粒的干物质除少量由抽穗前蓄积在茎鞘中的贮藏物质转运而来外，大部分是抽穗后的叶片进行光合作用的产物，因此抽穗结实阶段仍需大量水分和一定量的矿质营养；同时需要通过增强根系活力和延长茎叶功能期，以提高叶片进行光合作用和将营养物质向穗部转运的能力。

◆ **繁殖方法**

稻属于自花受精繁殖植物。

◆ **育种方法**

中国稻的种质资源十分丰富，已收集到的地方品种达 7.4 万份。育种方法主要包括：①选择育种法。这是传统育种的主要方法，20 世纪 50 年代用此法选育的品种，如"南特 16""矮脚南特""陆财号""西湖早""老来青"等，都曾产生过显著的增产作用。②杂交育种法。用此法育成的品种是中国水稻栽培品种上的主体。20 ~ 30 年代丁颖通过品种间杂交育成"中山 1 号""暹黑 7 号"等品种。50 年代，江苏省育成杂交种"南京 1 号"，广东省于 1959 年育成矮秆杂交种"早籼广场矮"，是中国杂交育成的第一代矮秆高产品种。1961 年又以"矮仔占"和"惠阳珍珠早"杂交育成"珍珠矮"。这些矮秆品种以及"矮脚南特"，在 60 年代是南方稻区的主要推广品种和矮秆亲本。此后，各地又相继选育了大批适应多种熟期的矮秆高产品种，如长江流域太湖地区的晚粳品种"沪选 19""鄂晚 5 号"和北方稻区的半矮秆品种"吉粳 60""辽粳 5 号"等。后者为籼粳稻杂交经过复交的粳型品种。③杂交种育种法。中国杂交水稻的研究始于 1964 年。1970 年在海南岛普通野生稻中发现了一株花粉败育型的雄性不育野生稻。接着先后育成了具有"野败"细胞质的雄性不育系及其保持系和恢复系的籼型三系杂交水稻。之后又相继育成了 BT 型细胞质的粳型三系杂交水稻。80 年代以后，杂交水稻在中国的大面积推广是中国水稻育种工作上一次突破性的成就。

此外，中国自 1957 年开始将辐射诱变方法应用于水稻育种也取得了显著成就。如浙江省 1964 年育成的"矮辐 9 号""原丰早"等，已在生产上应用，同时还选出一些较好的系。水稻花培育种也先后产生过若干个品种（品系）被用于大田生产和科学研究中。

◆ **采收与加工**

水稻收获期的确定，以谷粒成熟度为准。收获过早脱粒困难，谷粒轻，易碾碎；过迟则易落粒，米质因糠层增厚而变劣。一般以蜡熟末期为收获适期。机械收获有分解收割和联合收获两种方式：前者是将收割和脱粒等工序分先后进行，后者是在田间一次完成收割、脱粒等作业。一般稻谷的安全含水量为 13%～14%，如超过 15%，在粮温 25℃时约14 天即发热霉变。因此，种子入仓前要晒干扬净，贮藏期间定期检查，做好防潮、防热和防虫工作。

稻谷要经过砻谷、碾米和副产品整理等加工过程，才得到食用精米。糙米约含淀粉 75%、蛋白质 8.5%、脂肪 1%，所含矿物质中铁、钙较少，磷酸丰富，B 族维生素也较多。营养物质大都存在于胚和胚乳的糊粉层内。米的蛋白质含量低于面粉，但易消化、吸收，并富含赖氨酸、苏氨酸等氨基酸。精米中的养分因糠层被碾去而有损失。米除煮饭作为主食外，也用以酿酒和制糕点等。

◆ **价值**

稻米是全球 35 亿人口的主食。米糠是家畜的精饲料。米糠也可榨油，出油率达 10%～14%，可作工业原料，精制后可食用。糠饼可提取干酪等，用作木材黏合剂；还可制饴糖、酿酒。糖渣、酒糟可作饲料。稻壳干馏可生产活性炭、甲醇、醋酸、丙酮、酚油、焦油等多种化工产品；水解可制取糠醛，并能培养饲料酵母。稻草除作饲料、覆盖物和用于编织草绳、草袋、草帘等以外，还是造纸、人造纤维和纤维板等的原料。

籼　稻

籼稻是禾本科稻属亚洲栽培稻中的一个亚种。

籼稻适宜在低纬度、低海拔湿热地区种植。籼稻在地球上的栽培历史近 1 万年。1928 年，日本学者加藤茂苞等依据籼粳稻间杂种一代植株的结实率低于双亲（多数在 30% 以下）的事实，把栽培稻种划分为印度亚种和日本亚种。中国学者丁颖认为加藤茂苞的定名不妥，于 1957 年将这两个亚种分别定名为籼稻亚种和粳稻亚种。籼稻和粳稻通过有性杂交也可以获得杂种，但杂种一代植株的结实率较低。杂种第二代分离比较复杂，不同于亚种内品种间杂交。虽然在许多出土的碳化稻谷中往往都是籼粳稻的混合物，但从系统发育来看，籼稻的许多性状比粳稻更近似于普通野生稻，因而认为籼稻是基本型，粳稻从籼稻群体中进一步演化而来的。

◆ 形态特征

籼稻植株除推广的半矮秆品种外，一般株高都在 1 米以上，茎秆较软，叶片宽、色泽淡绿，剑叶开度小。叶片茸毛多，有短小茸毛散生于颖壳表面。大多数籼稻品种谷粒细长而稍扁平，长宽比大于 2，外稃尖端无芒或短芒。谷粒易脱粒。谷粒和米粒在 1% 的石炭酸水溶液中浸泡 12 小时，放置 1 昼夜，一般可产生淡茶褐色到黑色的染色反应。米粒直链淀粉含量较高（25% ～ 35%），胶稠度硬，故蒸煮的米饭不黏。

中国南方稻区种植的多为籼稻品种。

◆ 生长习性

籼稻品种较耐湿、耐热和耐强光，但不耐寒。较耐瘠薄土壤。

◆ 繁殖方法

籼稻主要通过天然自花受精进行有性繁殖，也可以通过剥蘖进行无性繁殖。

◆ 育种方法

可用于籼稻栽培稻育种的方法有选择育种、杂交育种、回交育种、诱变育种、花培育种、远缘杂交育种、一代杂交种育种、转基因育种、基因编辑育种等，视育种目标需要改良的性状，选择适当的育种方法，或几种方法结合起来使用。

◆ 采收与加工

水稻适宜的收获期在完熟期（开花后 25～45 天，因品种而异）。完熟期的特征是谷壳已成黄色，继而谷色褪淡，米粒呈现固有的色泽，质硬不易碎。收获后及时在水泥晒场晒干或利用谷物烘干机烘干至含水量 13.5%，然后入库贮存，以备碾米加工。

◆ 价值

稻谷加工成的精白米除含水分 12.9% 外，含淀粉 77.6%、蛋白质 7.3%（少数品种最高含量可达 15%）、脂肪 1.1%、粗纤维 0.3% 和灰分 0.8%。稻米的淀粉颗粒特别小，并含有营养价值高的赖氨酸和苏氨酸。稻米的粗纤维含量最少，容易消化，各种营养成分的可消化率和吸收率都高，最适于人体的需要。

粳　稻

粳稻是禾本科稻属亚洲栽培稻中的一个亚种。

中国北方稻区多种植粳稻，一年一季。长江中下游双季稻地区的后季稻也多采用粳稻品种。粳稻品种在南方稻区虽然分布零散，但地理空间较广，特别是在云贵高原高海拔地区、太湖流域和台湾地区等，粳稻种植面积仍占优势。

◆ 起源与地理分布

中国学者丁颖等认为，粳稻是由原产于热带的籼稻品种经由南向北、由低海拔向高海拔引种后逐渐形成的类型。但也有学者认为粳稻不是由籼稻演变而成的生态变异型。近代的酯酶同工酶的测定证实籼稻和粳稻在遗传上是异源的。因此，籼稻、粳稻的起源问题，还有待进一步的研究。

◆ 形态特征

粳稻植株较矮，一般改良品种株高都在 1 米以下，但过去的农家品种则往往超过 1 米。茎秆坚韧，叶片较窄、色泽浓绿，剑叶开度大。叶片茸毛少或无，美国一些品种叶片往往无毛。稻谷的茸毛长且集中在颖棱上，并由基部向顶部递增，但云南的一些高原粳稻品种谷粒无茸毛。谷粒上从无芒到长芒的品种都有，芒略呈弯曲状。

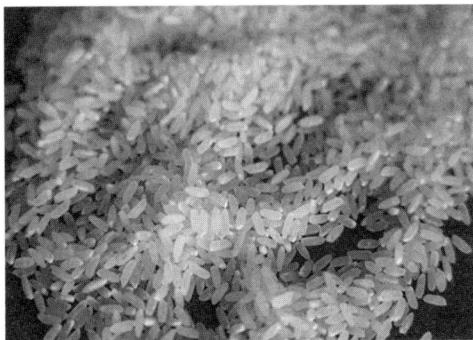

粳稻加工出的大米

谷粒短圆而厚，一般长宽比在 2 以下。谷粒不易脱落。一般谷粒和米粒在 1% 的石炭酸水溶液中浸泡 12 小时仍不能染色。米粒直链淀粉含量较低（16% ～ 24%），胶稠度软，故蒸煮的米饭较黏。

◆ **生长习性**

与籼稻品种相比，粳稻品种具有耐旱、耐寒、耐弱光的习性，株型紧凑、分蘖力较弱、茎秆强壮不易倒伏，适于密植多肥栽培，增产潜力较大。

◆ **繁殖方法**

粳稻主要通过天然自花受精进行有性繁殖，也可以通过剥蘖进行无性繁殖。

◆ **育种方法**

可用于栽培稻育种的方法有选择育种、杂交育种、回交育种、诱变育种、花培育种、远缘杂交育种、一代杂交种育种、转基因育种、基因编辑育种等，视育种目标需要改良的性状，选择适当的育种方法，或几种方法结合起来使用。

糯　稻

糯稻是米粒淀粉中只含支链淀粉或很少含直链淀粉的水稻类型。在植物学上属于禾本科稻属亚洲栽培稻种。

籼稻、粳稻、早稻、晚稻中都有糯稻品种存在。糯稻是由黏稻经单基因隐性突变而形成的在淀粉组成上的变异型，其米粒未干时呈半透明，与黏稻无异，但干燥后即呈现不透明的乳白色，这是由于胚乳细胞中产生的微气泡在细胞壁表面形成光散射所引起的。中国糯稻栽培面积约占稻总面积的 10%，零星穿插地分布在大多数种稻的地区。

◆ **形态特征**

糯稻植株形态特征与相对应的黏稻（非糯稻）植株类似。也就是说，籼糯植株的形态特征类似于籼黏植株形态特征，粳糯植株形态特征类似于粳黏植株形态特征。一般籼糯的米粒中含支链淀粉 98% 以上，含直链淀粉 1% ～ 2%。粳糯的米粒中直链淀粉含量基本为零。糯米淀粉吸收碘的能力低，遇 1% 的碘－碘化钾水溶液呈红褐色反应。糯稻成熟花粉粒中的淀粉也不含或很少含直链淀粉，遇碘－碘化钾水溶液也呈红褐色。糯米胶稠度软，糊化温度低，煮出的饭湿并黏结成团，胀性小。有些糯稻品种谷粒较大，果皮带有色素。

◆ **生长习性**

一般糯稻的耐寒、耐旱性均较黏稻强。通常粳糯的黏性强于籼糯。籼稻中的非糯稻与糯稻杂交结实正常，粳稻中的非糯稻与糯稻杂交仅部分结实。

◆ **繁殖方法**

糯稻主要通过天然自花受精进行种子繁殖，也可以通过剥蘖进行无性繁殖。

◆ **育种方法**

糯稻育种方法同粳稻。

◆ **价值**

在食品工业中，不含直链淀粉的糯米可用于酿制黄酒。酿酒糯米要求粒大、质松，蛋白质、脂肪含量低，吸水性大，加工精米率高，碎米少的品种。糯米还常用于制作年糕、粽子等食品。少数地区作为主食。

早 稻

早稻是生育期较短、成熟季节较早的一种水稻季节生态类型。在植物学上属于禾本科稻属。

不论是籼稻亚种还是粳稻亚群中都存在早稻类型。在中国，以南京 4 月下旬播种至抽穗所需日数作为熟期分类标准，早稻早熟品种 6 月中、下旬出穗；早稻中熟品种 7 月 1 日至 14 日出穗；早稻晚熟品种 7 月 15 日至 20 日出穗。早稻全生育期 120 天左右。早稻主茎叶片数 9 ~ 13 片。早稻感光性弱，短日高温生育期短或中，感温性中或强。

中国东北的一季粳稻以及长江以南稻区双季稻中的第一季早、中熟品种多属于早稻类型。由于早稻感光性弱，只要温度条件能够满足水稻生育，无论在长日照或短日照条件下都能正常出穗成熟。20 世纪 70 年代选育的籼稻品种"二九青""广陆矮 4 号"等早稻品种，既可作双季早稻，又可作双季晚稻种植。

早稻种植

晚 稻

晚稻是生育期较长、成熟季节较迟的一种水稻季节生态类型。在植物学上属于禾本科稻属。

不论是籼稻亚种还是粳稻亚群中都存在晚稻类型。以中国南京 4 月下旬播种至抽穗所需日数作为熟期分类标准，晚稻早熟品种 8 月下旬至 9 月中旬出穗；晚稻中熟品种 9 月下旬至 10 月中旬出穗；晚稻晚熟品种 10 月下旬至停止出穗时。晚稻全生育期 150 天以上。晚稻主茎叶片数 17 ～ 20 片。晚稻感光性强，短日高温生育期短或中，感温性中或强。

晚稻成熟

晚稻品种感光性强，需要有晚秋时期的短日照条件方能出穗。这种对短日照的反应与野生稻最相似，因而晚稻是由野生稻演化而来的基本型，而早稻和中稻是由晚稻在温度较低和日照时间较长环境下形成的变异类型。晚稻成熟时正值秋季，白天温度较高，夜间温度较低，有利于稻穗灌浆成熟，稻米品质往往较好。著名晚稻品种有"包胎矮""浙场 9 号""老来青""南粳 46""南粳 5055"等。

杂交稻

杂交稻是两个遗传组成不同的水稻品种（品系）杂交产生的具有强优势的子一代品种类型。在植物学上属于禾本科稻属栽培稻种。

杂交稻在生产上大面积栽培始于 1976 年。中国是世界上首先商业化利用水稻杂种优势的国家。大面积商业化种植杂交稻的国家还有印度、越南、菲律宾、孟加拉国、印度尼西亚、缅甸和美国。从事杂交稻研究尚待大面积商业化种植的国家还有约 20 个。

◆ 起源

1926 年，美国人 J.W. 琼斯（J.W.Jones）最先报道了水稻具有杂种优势的现象。他是通过人工去雄获得子一代种子和次季盆栽子一代植株研究获得上述结论的。水稻是自花授粉作物，颖花小，每朵颖花只结一粒种子，不可能用人工去雄杂交方法大量生产一代杂种种子，因此水稻杂种优势利用必须借助免于去雄的雄性不育特性。虽然 1927 年以后就陆续有人报道了水稻雄性不育现象，但大多数是隐性核基因控制或染色体变异导致的雄性不育，这种不育不能获得稳定的不育系。要获得稳定遗传的纯合的不育系，必须寻找质核互作的不育材料。H. 维拉拉特奈（H.Weeraratne）于 1954 年最早报道了细胞质对诱导雄性不育有作用。之后日本、美国、国际水稻研究所等国外学者报道了至少 21 种能引起质核互作雄性不育的细胞质。1958 年，日本东北大学胜尾清以中国的普通野生稻为母本与日本的粳稻品种"藤坂 5 号"杂交，发现野生稻有导致"藤坂 5 号"雄性不育的细胞质。经连续回交，育成"藤坂 5 号雄性不育系"，而"藤坂 5 号"就是该不育系的保持系。1968 年，日本人新城长有首先育成"粳型台中 65 号"三系，但杂种优势不明显，未能应用于生产。此后，其他国家又做了大量研究，也均未取得突破性进展。

中国从 1964 年开始研究水稻雄性不育，当年湖南省安江农校教师袁隆平在"洞庭早籼"等品种中发现一批能够遗传的自然雄性不育材料，并提出了选育杂交稻的设想。此后，各地以这些不育株为材料与数以千计的品种进行测交筛选保持系，但终究未能如愿以偿。1970年冬季，袁隆平的助手李必湖在海南岛崖县（今三亚）搜集野生稻的过程中，从普通野生稻群落中发现一株花粉败育型的雄性不育野生稻（后来简称"野败"）。接着，在全国性的杂交稻协作研究中用"野败"作为母本原始材料，通过杂交和连续择优回交，育成了不育系和保持系。同时，还利用"野败"型不育系与国内外品种（系）测交，筛选出一批恢复系，表现优良的有IR24、IR661、IR26等，最终在1973年实现了野败型杂交籼稻的三系配套。在此基础上，第一批强优势杂交籼稻组合"南优2号""南优3号""南优6号""汕优2号""汕优3号""汕优6号"等相继选育成功，一般表现为根系发达，生长势旺，分蘖力强，茎叶粗壮，株高适宜（100厘米左右），穗大粒多，穗数、粒数、千粒重比较协调，在同样条件下可比一般常规品种（纯系品种）增产10%～20%，并有耐肥、抗倒、耐旱、适应性广和米质较好等特点。1976年起，杂交稻在全国大面积推广，并一直持续至今。这项科研成果获得18项国内、国际重要奖项，包括中国1981年的国家发明奖特等奖和2001年的首届国家最高科学技术奖，美国艾奥瓦州德梅因世界粮食奖基金会2004年的世界粮食奖等。

继"野败"型三系选育成功之后，中国又以正常的普通野生稻与栽培稻、籼稻和粳稻，以及地理上远距离的籼稻品种间杂交等方式，陆续育成了其他细胞质源的新三系，如四川的冈型、湖北的红莲型、云南的滇型等，为改变生产上单一应用"野败"细胞质源不育系创造了条件。

此外，粳型不育系和恢复系也相继育成，并形成了"黎优57"等一批优势较强的粳型杂交稻组合。1983年开始粳型杂交稻在中国北方稻区一定范围内推广，并持续至今。

除"三系"法生产的杂交稻外，生产上还大面积种植利用"两系法"（利用光温敏核不育材料于不育期制种、可育期繁种）生产的杂交稻。

◆ 形态特征

杂交稻的形态特征与常规栽培稻品种类似。只是同一般水稻品种比较，杂交稻根系发达，根的活力从分蘖期到出穗期一般都高于三系亲本，后期根系衰老慢。分蘖优势明显，分蘖发生时期早，单株分蘖数量多，但有效分蘖率偏低。茎粗壁厚，抗倒伏能力也较强。杂交稻单株叶面积大，光合强度高，群体叶面积指数也高于一般品种，对于物质生产极为有利。而暗呼吸和光呼吸强度则较一般水稻品种低，因此净光合产物的积累多，其干物质增长的速度和数量均大于亲

湖南省衡山县种植的杂交水稻

本。特别是杂交稻生育后期仍具有较大的绿叶面积，使出穗后植株仍可维持较高的光合生产水平，且茎鞘中贮存物质的运转率高，穗部籽粒能够得到比较多的物质供应，这是杂交稻穗大粒多的生理基础。

◆ 生长习性

杂交稻的生长习性与一般品种类似。但杂交稻一般感温性偏强，感

光性偏弱。同一组合在不同生态条件下，生育期长短也有较大的变化。要求的生物学起点温度比一般品种偏高，幼苗生长要求日平均气温不低于15℃，有利于分蘖的温度在20℃以上，出穗开花时若日平均温度低于23℃或高于30℃影响受精结实。灌浆结实期遇20℃以下低温或30℃以上高温，会造成籽粒发育不良。杂交稻主动吸水和被动吸水能力均比一般品种偏高，尤其是出穗开花至乳熟期其生理需水强度更高，因此保证杂交稻生长后期水分的充分供应是很重要的。

◆ 繁殖方法

杂交稻只能种植杂种一代，杂种二代就会发生性状分离，田间群体的植株高矮不等，出穗早晚不一，单产急剧下降到仅有一代杂种的50%左右。因此，杂交稻一代种子和其亲本种子（三系、两系）都需要年年生产，前者称为制种，后者称为繁殖。制种时，将不育系秧苗（母本）和恢复系秧苗（父本）按一定比例相间种植（一般籼型杂交稻制种田母本与父本的行比为8∶2以上，粳型为6∶2），不育系依靠恢复系散出的花粉受精结实而产生杂种一代的种子，从自花受精的父本行所收获的种子仍为恢复系。繁殖不育系的方法与上述制种的方法基本相似，不同之处在于：①繁殖田的父本是保持系而不是恢复系。②不育系与保持系的行比一般为（3～4）∶1或（2～3）∶1。

在育秧移栽的栽培模式下，繁种田、制种田和大田的比例约为1∶50∶5000，即一亩繁殖田生产的不育系种子可供50亩制种田用，由50亩制种田制成的杂交种子可供5000亩大田生产用。杂交稻的生产需年年制种，繁殖不育系、保护系和恢复系，因此构成一个相互配套缺一不可的统一整体。

◆ 育种方法

三系杂交稻的育种方法是先选育出"三系"，然后进行优势组合筛选。"三系"是指雄性不育系（简称不育系）、雄性不育保持系（简称保持系）和雄性不育恢复系（简称恢复系）。不育系的雄性器官发育不正常，花粉无授精能力，但雌性器官发育正常，当授以正常花粉时就能受精结实。保持系的雌、雄性器官发育均正常，能自交结实，其功能是用它的花粉授给不育系后，所产生的后代仍能保持雄性不育特性。恢复系的雌、雄性器官也正常，能自交结实，其功能是用它的花粉授给不育系后，可使所产生的后代育性恢复正常，自交结实。水稻不育系的选育主要是采用连续回交核置换的方法，选育成功的不育系的回交父本就是它的保持系。水稻恢复系的选育方法有 3 种，分别是测交筛选法、杂交选育法和回交选育法。优势组合（即杂种品种）的筛选主要是选用大量的不育系和恢复系进行配组后，对获得的大量子一代组合进行群体产量或其他目标性状进行鉴定筛选。亲本选配一般遵循以下 4 个原则：①选遗传差异大的亲本配组。②选产量高、配合力好的亲本配组。③选优良性状多并能互补的亲本配组。④选有利于异交的亲本配组。

两系杂交稻的育种方法是先选育出"两系"，然后进行优势组合筛选。优势组合筛选的方法与"三系"杂交稻的。由于生产上大面积栽培的两系杂交稻基本上都是由光温敏不育系和相应父本配制的，父本可以是恢复系，也可以不是恢复系，只要是目标性状配合力好的纯系品种即可，因此选育符合目标要求的光温敏不育系是关键。选育光温敏不育系的途径主要有以下两条：①杂交转育。通过杂交把光温敏雄性不育基因转移到目标受体亲本中。②系统选育。从已经育成的不育系或中间材料中发现和选择有优良性状变异的单株，进而育成新的不育系。杂交转育的程序如下：单株种植杂交转育或其他途径获得的子一代杂种植株群体，获得子二代种子；从子二代开始采用单株种植大群体在光温诱导不育的条件下（人工气候室或人工气候培养箱）渡过育性敏感期（幼穗发育第3期至第7期，约20天），然后移至正常条件下继续生长至抽穗开花，使它们分离出不育株，从不育株群体中选择农艺性状优良的不育单株割蘖再生，再生苗生长至幼穗发育第2期时移入光温诱导可育的条件下（人工气候室或人工气候培养箱）渡过育性敏感期，然后移至正常条件下继续生长至成熟，观察各单株育性转为可育的程度。再从中选择自交结实好，农艺性状又优良的再生单株收种获得子三代种子。子三代按单株种成株系，继续上述选育过程，即在光温诱导雄性不育的条件下选不育株系和不育单株，在光温诱导可育的条件下选结实好的株系和单株，直至育成稳定整齐的光温敏核不育系。

◆ **栽培管理**

杂交稻欲获高产，必须充分发挥其分蘖优势和穗大粒多的优势。因此，杂交稻高产群体结构的主要特点是分蘖穗在穗数组成中所占的比重大。每公顷产稻谷7500千克以上的杂交稻，每平方米稻田面积上最高茎蘖数大都在400～450个，最后形成259～270穗；每公顷产稻谷9000千克以上的杂交稻，每平方米稻田面积上最高茎蘖数大都在450～520个，最后形成270～300穗。杂交稻稻穗的一次枝梗数相对稳定，通常为 8 ~ 12 个，但二次枝梗数变异幅度很大，为 14 ~ 35 个；每穗总粒数一般比双亲高得多，现有杂交稻的千粒重大多在 26 克以上，威优组合可达 30 克以上。杂交稻的空瘪粒较高，一般在 15% ~ 20%，南优组合可达 30% 以上。恢复系的恢复力和不育系的可恢复性是影响结实率的重要遗传因素之一，而前期大穗优势和后期库源之间的不平衡则是空瘪粒较高的生理原因。为协调库源矛盾，合理利用穗粒优势，据各地高产田分析，每公顷产稻谷 7500 ~ 9000 千克的稻田，最适颖花数大多在每平方米 3.6 万 ~ 4.5 万个。相应的栽培要点如下：①秧田中稀播、匀播，培育带蘖壮秧。每平方米秧田净播种量 12 ~ 23 克，单株营养面积不小于 10 平方厘米。②因茬合理密植。一季稻分蘖期长，每平方米宜栽 22 ~ 30 穴、70 ~ 120 个基本苗（包括分蘖，下同）；麦茬稻和早稻、晚连作稻的分蘖期短，每平方米宜栽 30 ~ 35 穴、120 ~ 180 个基本苗。③适当延迟收割，以增加粒重。

深水稻

深水稻是耐水淹、茎能随水上涨而伸长的水稻类型。在植物学上属于禾本科稻属。

全世界大约有 1200 万公顷深水稻种植，其中亚洲 900 万 ~ 1000 万公顷，西非约 200 万公顷。亚洲主要种植在印度、孟加拉国、斯里兰卡、印度尼西亚、缅甸、柬埔寨、越南、泰国、中国等国家。中国主要分布在广东、广西、云南、湖南、湖北、安徽、河北等地区。西非主要种植在马里、尼日尔、尼日利亚等国，马里约占西非的 60%。通常栽培于江河下游低洼地带和湖泊沿岸积水地区，有深水稻和浮水稻之分，适应于不同程度的季节性积水。深水稻的栽培历史缺少文献记录，可能与栽培稻种相近。全球深水稻品种有几千个，国际水稻研究所的"Gambiaka Kokou"和中国广西邕宁的"深水稻"等比较有名。

◆ **起源与地理分布**

亚洲栽培的深水稻起源于亚洲栽培稻。西非栽培的深水稻起源于非洲栽培稻。

◆ **形态特征**

深水稻形态上最大的特征就是茎长可达 2.7 米左右。地上部茎节不发根，不分蘖。浮水稻的茎长可达 5 米以上，伸长的节间数目可达 20 个。水退后，茎横卧地上呈匍匐状。叶内裂生通气组织特别发达。浮水稻在水层下的茎节均可产生不定根和分蘖，初生根细而分枝多，随着植株的生长，在水表层形成一些较粗而不分枝的根。谷粒有芒。米质较差。

◆ **生长习性**

深水稻随水上涨而茎伸长的程度小于浮水稻，可在 1.3 米的深水中生长，茎长 2.3 ～ 2.7 米，因此能够保持上部茎、叶、穗处在水面上正常生长结实。水退后，一般仍能直立。地上部茎节通常不发根、不分蘖，分蘖期水深超过植株顶部多天也不会被淹死，即使茎叶枯黄，根往往还是白色的，能迅速再生。有的品种成熟期浸水 5 ～ 7 天，谷粒也不会发芽（种子休眠性强）。深水稻谷粒产量一般为每公顷 750 ～ 1500 千克；在改进栽培管理条件下，也有每公顷 6000 千克谷粒产量的记录。

浮水稻的茎随水上涨而伸长的速度快，4 天可伸长 0.5 米，伸长的节间数目多，有的多达 20 个。茎具有竖直能力，可以保持在水面上的 3 片叶能很好地展开。水退后，茎横卧地上呈匍匐状，茎长可达 5 米以上。叶内裂生通气组织特别发达，只要上部叶尖伸出水面，即可由叶面吸收空气，通过叶鞘、茎和根的裂生通气组织达到根端。叶片在弱光下可产生赤霉素，能加速细胞分裂和细胞伸长，促使稻茎迅速延伸。茎叶淹没在水中 6 ～ 12 天仍可保持绿色。浮水稻在水层下的茎节均可产生不定根和分蘖，初生根细而分枝多，随着植株的生长，在水表层形成一些较粗而不分枝的根。浮水稻大多感光性强，成熟期迟，难脱粒。

◆ 繁殖方法

深水稻主要通过天然自花受精进行种子繁殖。

◆ 育种方法

已被实践过的深水稻育种方法主要有选择育种、杂交育种、回交育种等。

◆ 栽培管理

深水稻一般是撒播的。播后约 42 天，和一般旱地作物类似，雨水如果跟不上，就会出现旱象。42 ～ 56 天之后，随着雨季的到来，田里就会大量积水。随着水位的上升，植株就会往上生长，最快时一天可以伸长 40 厘米。在洪水消退之后，深水稻的长秆无论是否扎入土壤，都会倒在浮泥上，于是根就长入土中，继续长至成熟。深水稻品种对光周期都十分敏感。虽然洪水一般都在五六月发生，但是水深却可以相差很大。有的最大水深只有 1 米且 10 月即可到水退后的浮泥期；有的田块可能水深达 6 米，且一直到 12 月至次年 1 月水还颇深。因此，各地种植的品种必须适合当地水退后的正常昼长，才能达到成熟。所以，各种不同的最大水深都应有不同的一套品种。在某块田里，不管气候允许的播种期是早是晚，都必须在大约 14 天时间里成熟。由于这个原因，农民必须给每种水深准备好多个品种。孟加拉国农民所用的深水稻品种有 4000 个之多。大体而言，水深差 10 厘米，就必须有一个适应不同昼长的新品种。由于年度间气候条件的变化，去年用得合适的品种今年未必一样合适，常有 20% 的深水稻会种植失败。为避免失败，不少农民在一块地里同时混播两个不同的品种，各有各的光周期反应，用以应对降水量的变化。这种方法在积水不多且退水较早的地方，

深水稻

即使晚熟种干死了，早熟品种却可以按时成熟而得到正常收成。反之，如果积水甚深且持续时间很长，那么就算早熟种失败，晚熟品种却可以成熟。这种办法的总产不高，但是比较保险，不会完全失败。

◆ 价值

深水稻作为米的价值与籼稻相同。在生态价值方面，深水稻可以利用其他粮食作物根本无法生长的极其严峻且气候多变的土地资源。

野生稻

野生稻是禾本科稻属植物。

◆ 起源与地理分布

多数人认为稻属中有20个野生稻种。这些野生种多为多年生草本，自生于亚洲、非洲、大洋洲、南美洲的热带和亚热带的沼泽地或河流盆地。迄今在中国仅发现3种，分别是普通野生稻、药用野生稻和疣粒野生稻，广泛分布于中国华南地区，东起台湾桃园（121°E），西至云南盈江（97°56′E），南起海南三亚（18°09′N），北至江西东乡（28°14′N）。云南、广东两地这3种野生稻均有分布，广西有普通野生稻和药用野生稻，台湾地区有普通野生稻和疣粒野生稻，湖南、江西、福建3地只有普通野生稻。

◆ 形态特征

普通野生稻的根是须根，发达，从地上部接近地面的茎节或在水中的茎节也能长出不定根。茎为匍匐状，有高节位分枝及须根，无典型的地下茎。部分植株还有随水位加深（雨季），茎长随之延伸的特点。株高在60～300厘米，通常为100～250厘米。地上部节间数一般有6～8个，多者达12个。叶鞘及茎基部节间多呈紫色或淡红色，深浅不一，间有绿色者。茎粗一般0.4～0.6厘米。分蘖力强。普通野生稻营养根茎的宿根越冬性强。叶狭长，一般长15～30厘米，宽0.5～1.0厘米，剑叶

广西玉林市福绵区沼泽地里生长的有红色稻芒、绿色稻壳、青色稻秧的野生水稻

长 12～25 厘米，宽 0.4～0.8 厘米，叶开张角度 90°～135°。叶耳黄绿或淡紫色，具有长茸毛。叶舌膜质，有紫色条纹，顶部尖，无茸毛。叶枕无色或紫色。穗为圆锥花序，散生，穗颈较长，一般 20 厘米以上，穗长 10～30 厘米，枝梗少，通常无二次枝梗。一般每穗 20～60 粒多者可达百余粒。外颖顶端红色并具浅色坚硬的芒，芒长在 2.5～8 厘米。正常天气上午 9～12 时开花，柱头紫色，外露，结实率 30%～80%。内外颖在开花期为淡绿色，成熟期为灰褐或黑褐色。护颖披针状，顶端尖。籽粒狭长，一般 0.7～1.0 厘米，宽 0.2～0.3 厘米，千粒重 19～22 克。极易落粒，边成熟边掉粒。成熟期种皮红色，米粒大多无垩白，呈玻璃质。

药用野生稻根系发育一般，具有明显的地下茎。植株高大，茎较散生，地上部有 5～18 个茎节，一般为 12～15 个节，其中 5～11 个位伸长节间。株高 200～300 厘米，高的可达 480 厘米左右，矮的仅约 90 厘米。叶片较宽而长，倒数第二、第三叶长者可达 120 厘米，宽度最大者约达 4.6 厘米。剑叶较短，一般长 14～40 厘米，宽 1.3～2.5 厘米，叶开角位 90°～135°。叶鞘及节间多呈绿色，个别为淡紫色。叶耳不发达，黄绿色。叶舌短，革质，呈三角形。穗颈特长，一般 21～70 厘米，最长可达 142 厘米。穗枝散，穗主轴基部节上有轮生枝梗，上部互生，共 10～16 个枝梗，一般只有第一次枝梗。穗大粒多，穗长 30～58 厘米，每穗 200～300 粒，多者可达千粒，结实率较低。穗上部小穗具短芒或无芒，芒长 0.4～1.2 厘米。小穗短圆细小，长 0.4～0.5 厘米，宽 0.2～0.26 厘米。每天上午 5 时左右始花，柱头外露。内外颖在开花期位青绿色或间有 2 条紫色条纹，颖壳外缘有茸毛。

稃尖紫色或淡紫色。有边成熟、边掉粒的特点。种皮红色，不少类型米粒无垩白，玻璃质。

疣粒野生稻的根为须根，不发达。具地下茎，多年生。植株矮，丛状散生，株高 40～110 厘米，一般为 50～60 厘米。茎纤细，圆形，有 6～8 个节。茎节似竹子，基部节间几乎实心，平滑无毛。分蘖从地上基部和地下茎节长出，也能从地上节的叶鞘内长出。在土中的初出分蘖顶部尖，基部转粗，如竹状。叶呈短披针形，叶色深绿，叶片坚硬，有些类型叶片光滑无毛。叶长约 30 厘米，宽约 1.7 厘米，剑叶短小，通常长约 10 厘米，宽约 1 厘米。叶鞘绿色或微带紫色，叶舌近半圆形，叶耳不明显。穗轴短，单轴或基部偶有第一分枝。穗长 6～11 厘米左右，粒数少，一般 10 粒左右，最多 21 粒，形成简单的圆锥花序。谷粒紧贴穗轴，其着生位置的关节较其他种平整。自然群落的出穗期为 4 月至 10 月中下旬，一般在凌晨 3～4 时开花，结实率高，籽粒充实，小穗呈倒卵圆形，护颖小，颖面无毛，有不规则的疣粒突起，是其特点。开花期颖壳绿色，柱头白色，闭颖后白色柱头留在颖壳外，几乎与颖壳呈十字形。粒长有两类，长者 6.0～7.0 毫米，产于海南省；短者 4.5～5.5 毫米，产于云南思茅。成熟后谷粒多呈紫黑色，糙米皮多红色。

◆ 生长习性

普通野生稻是多年生的沼泽地植物，喜温、感光性强，对土壤适应性广，一般宜微酸性，少数可适应微碱性土壤，但在海水经常倒灌处未见生长。普通野生稻分布海拔在 600 米以下。抽穗期因原产地不同而异，在广州种植时为 9 月下旬至 11 月下旬。

药用野生稻为多年生植物，喜温而不耐炎阳，喜湿而不耐深水，耐肥，适于酸性土壤，一般生长在隐蔽湿润而腐殖质丰富的山谷溪水旁，分布海拔在广东为 50 ~ 400 米，在广西为 25 ~ 450 米，在云南为520 ~ 1000 米。出穗期一般在 9 ~ 10 月。

疣粒野生稻是旱生的，喜阴，生长在灌木林、竹林下，以至橡胶树林边等阳光散射不强或隐蔽的山坡上，与杂草共栖、丛生或散生。分布海拔比普通野生稻和药用野生稻高，在海南为 50 ~ 800 米，在云南为 425 ~ 1000 米。自然群落的抽穗期为 4 月至 10 月中下旬，一般在凌晨 3 ~ 4 时开花。

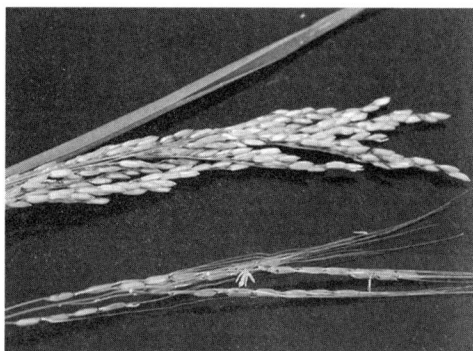

杂交水稻（上）和野生水稻（下）的比较

◆ **繁殖方法**

野生稻主要通过天然自花受精进行有性繁殖，也可以通过剥蘖进行无性繁殖。有较高的天然异交率。

◆ **育种方法**

在现代育种利用上，直接从野生稻群体通过选择育种选育新品种的实践已经很少，野生稻主要作为有利等位基因的供体材料被育种利用。远缘有性杂交、花粉（花药）培养、基因转移或基因编辑等育种方法都可以把野生稻中的有利等位基因导入栽培品种中改良目标性状。

◆ 栽培管理

野生稻作为自然群落，自生自长，不需要栽培管理，只需要加以保护，防止人为开垦野生稻生长地，同时防止牛等牲畜踩踏或吃掉野生稻。

野生稻作为科研材料，如作为导入有利基因的杂交亲本进行盆钵栽培时，需要进行短光照处理，诱导其开花。

◆ 采收与加工

由于野生稻边成熟、边掉粒，所以要在稻粒灌浆初期，用尼龙网袋倒扣在整个单株的穗层，尼龙袋口包着植株所有稻穗的穗颈节以下的部位，用麻绳扎牢，防止落在尼龙袋中的稻粒掉入田间。

◆ 价值

在上述 3 种野生稻中，普通野生稻与亚洲栽培稻的亲缘关系最近，杂交亲和性好，杂种植株结实正常。在稻种起源上，已公认它是亚洲栽培稻的祖先。由于野生稻对环境条件有较强的适应性和抗逆性，或具有特殊的遗传性状，因此在水稻品种改良上有重大利用价值。例如，中国 20 世纪 70 年代育成的质核互作型籼稻雄性不育系，就是通过"花粉败育型野生稻"的利用而育成的。再如，国际水稻研究所寻求的对草丛矮缩病的抗原，最后是在原产印度的尼瓦拉野生稻的一个系统中找到的。此外，在中国普通野生稻资源中，也鉴定出不少抗白叶枯病、稻瘟病、褐飞虱、稻瘿蚊以及耐涝、耐寒的系统，这些都是水稻育种中的宝贵遗传资源。

再生稻

再生稻是种植一次收割两次的水稻，即头季水稻收割后利用稻桩重新发苗、长穗，再收一季。在植物学上属于禾本科稻属栽培稻种。

早在公元 3 世纪 70 年代，晋代郭义恭所著的《广志》中就有"盖下白稻"的再生稻品种，"正月种，五月获；获讫，其茎根复生，九月熟"的记载。再生稻适宜在阳光和热量不够种植双季稻，而种植一季稻又有余的地区栽培。中国每年可蓄留再生稻面积约为 300 万公顷，主要分布在以下 5 个稻作带：华南再生稻稻作带、华东南再生稻稻作带、华中再生稻稻作带、华东再生稻稻作带和西南再生稻稻作带。

◆ 起源

再生稻是水稻种植的一种模式，在中国有着悠久的种植历史，可以追溯到 1700 年前的晋代。

◆ 形态特征

再生稻植株是从头季稻的腋芽中长出来的,形态特征与头季稻类似。

◆ 生长习性

水稻的每一叶腋间都有一个腋芽。在营养生长期间，基部的腋芽由下而上地萌发呈分蘖。但进入生殖生长期后，剩下的腋芽就不再形成分蘖而是进入休眠状态。有些休眠芽在水稻成熟期陆续死亡，而有些直到完熟期时依然存活。籼稻休眠芽的死亡有由下而上的趋向，故活芽主要留存在较上部的节。而粳稻则不同，以较下部的节的休眠芽存活较久。

品种生育期长短与再生稻成败密切相关，太短者再生稻产量不高，太长者再生分蘖时如遇低温等环境因素则不能正常出穗成熟,以致失败。同时,水稻品种间再生能力有较明显差异。因此,在热量条件对双季稻不足而对一季稻有余的适宜培植再生稻的地区,必须选用稻桩上活芽多、再生力强、生育期适宜的品种类型的未倒伏田块来蓄留再生稻。

利用中稻或早期收割后的稻茬,适当地施肥灌水、中耕、除草,促使基节上的侧芽萌发分蘖(再生蘖)。若气温适宜,萌发的再生蘖经20 ~ 30 天即可抽穗,两个月左右成熟。

再生稻抽穗开花期的温度与双季晚稻一样,连续 3 天的日均温,一般杂交籼稻不低于 23℃,粳稻不低于 20℃。水源条件好,头季稻抽穗成熟期保持浅水和湿润,有利于保持休眠芽有较高的成活率和根系活力;头季稻成熟前适量施用肥料,也有利于休眠芽的存活与萌发。

◆ 育种方法

再生稻的育种方法同普通栽培稻,一般是从头季稻品种中筛选再生力强的基因型。中国华南地区再生稻稻作带适宜种植的品种主要有"II优63""II优多系""汕优63""中旱1号""中浙优1号"等。华东南再生稻稻作带适宜种植的品种主要有"汕优明86""II优明86""II优航1号""D702优多系1号""特优航1号""两优2186""II优1273""D优6号"等。华中再生稻稻作带适宜种植的品种主要有"两优培九""汕优63""两优培特""岳优9113""鄂籼杂1号""金优63""Y两优1号""培两优500""准两优198"等。华东再生稻稻作带适宜种植的品种主要有"协优46""岗优725""岗优1577""罗沙稻""川香优2号""丰两优1号""培两优288""国丰1号"等。

西南再生稻稻作带适宜种植的品种主要有"汕优 149""汕优 63""K优 926""冈优 63""D优 527""K优 130""汕优多系一号""宜优 3003""宜香 707""II优 838""渝优 1号"等。

◆ **栽培管理**

头季稻收获前 7～10天施用适量氮肥作为保芽肥。割稻时留桩高度一般为株高的 1/3。头季稻刈割后，立即再施氮肥，保持田间充分湿润，通常五六天后即可发出大量再生分蘖。再生稻的

再生稻丰收

整个生育期约为头季稻的 1/2，栽培省工、省水、省肥，一般产量为 1500～2500 千克 / 公顷，高的可达 4000 千克 / 公顷。

◆ **价值**

再生稻栽培省去了育秧、移栽等栽培环节，成本低、效益高；生育期短，可充分利用光能。再生稻生长期一般为 60～70天，在当地温光资源种一季稻有余、种两季稻又不足的地区，利用再生稻生育期短的优势可以多收获一茬水稻，提高单位面积年度总产量。再生稻稻谷的单产一般为头季稻的 50% 左右。

芦 苇

芦苇是禾本科芦苇属多年生高大草本植物。古称芦、苇、蒹葭。

芦苇适应性广，中国及世界温带地区均有分布。

◆ **形态特征**

芦苇形态变异较大。一般具有发达的根状茎。秆直立，高 1 ～ 3 米，直径 1 ～ 4 厘米，具 20 多节，基部和上部的节间较短，最长节间位于下部第 4 ～ 6 节，长 20 ～ 25 厘米，节下被蜡粉。叶互生，带状；叶鞘下部者短于上部者，长于其节间；叶舌边缘密生一圈长约 1 毫米的短纤毛，两侧缘毛长 3 ～ 5 毫米，易脱落；叶片披针状线形，长 30 厘米，宽 2 厘米，无毛，顶端长渐尖成丝形。圆锥花序大型，长 20 ～ 40 厘米，宽约 10 厘米，分枝多数，长 5 ～ 20 厘米，着生稠密下垂的小穗；小穗柄长 2 ～ 4 毫米，无毛；小穗长约 12 毫米，含 4 花。颖具 3 脉，第一颖长 4 毫米；第二颖长约 7 毫米。第一不孕外稃雄性，长约 12 毫米。第二外稃长 11 毫米，具 3 脉，顶端长渐尖，基盘延长，两侧密生等长于外稃的丝状柔毛，与无毛的小穗轴相连接处具明显关节，成熟后易自关节上脱落。内稃长约 3 毫米，两脊粗糙。雄蕊 3，花药长 1.5 ～ 2 毫米，黄色。颖果长约 1.5 毫米。

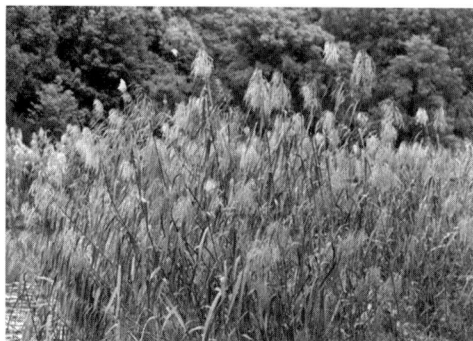

◆ **生长习性**

芦苇为全球广泛分布的多型种。生于江河湖泽、池塘沟渠沿岸和低湿地。除森林生境不生长外，各种有水源的空旷地带，常以其迅速扩展

芦苇

的繁殖能力，形成连片的芦苇群落。

◆ **繁殖方法**

芦苇繁殖能力强，常用根状茎繁殖，也可用芦秆和种子繁殖。

◆ **栽培管理**

田间管理

除草

芦苇田杂草有 159 种，其中危害严重的恶性杂草有 8 种，特别是鸡矢藤、野大豆、小旋花等危害更为突出，采取以化学除草为主、人工除草为辅的防除措施，在进行化学除草的同时，对于少数

宁夏沙湖湿地的芦苇丛

未杀死的杂草进行人工扯藤，效果更好。

施肥

由于芦苇田不能翻耕和施底肥，土壤中养分不能完全满足其生长的需要。在芦苇刚进入生长盛期进行施肥。施用的肥料主要是尿素、磷酸二氢钾、磷肥、钾肥以及植物生长调节剂丰产露等。叶面喷施 0.5% 的尿素（亩用量 1 千克）、0.4% 的磷酸二氢钾，亩产分别达到 1000 千克和 1100 千克，比未喷施的分别提高 32% 和 40%。

排水

芦苇虽属喜湿性植物，但也不能长期淹水，以免土层缺氧烂根。因此，

芦苇田建设要求排灌设施配套,深沟大渠,使地势低洼易受水淹的苇田可以及时排渍;还可在长江涨水季节导洪引淤,使芦苇田年平均淤泥达5～20厘米厚。连续多年引淤可抬高芦苇田、降低地下水位、改良土壤,有利于芦苇生长。此外,深沟大渠还可起到防护作用,减少因人畜践踏而造成非正常的芦苇死亡。

◆ 病虫害防治

主要害虫有荻蛀茎夜蛾和棘禾草螟,这两种虫害一般造成芦苇减产30%左右,严重时芦苇田甚至完全无收。为控制这些虫害,从"预防为主、综合防治"出发,抓好3个方面的工作:①适时平地砍割,收光捡净,烧底火和面火,割后浅耙松土冻凌,从而减少害虫越冬场所,降低越冬虫源,达到早防。②在4月中、下旬至5月上旬第一代幼虫群集为害时,抓紧时间割除枯心苗,集中烧毁或深埋;同时采用各种灯光诱杀。③根据虫情测报,适时用药防治。采用具有内吸作用,对天敌杀伤小的药剂,重点对"四边"进行喷药,挑治枯心团。采取这些措施可使虫口减退率达90%以上。

◆ 价值

芦苇约含纤维素44%,与木材纤维相仿,是优良的造纸原料,还可用以制人造棉及人造丝。芦苇秆可建茅屋,编芦席、芦帘及其他用品。根状茎在中医学上称芦根,为清热利尿药。芦苇除可作为保土固堤植物外,还常为海涂生态系统的先锋植物,并可改良盐碱土及净化污水。

茭　白

茭白是禾本科菰属多年生宿根水生草本植物。又称茭瓜、茭笋、菰首、篙芭。以肉质茎作蔬菜食用。

茭白原产于中国。李时珍《本草纲目》中有关于茭白植物性状和栽培方法的详细描述。茭白在中国分布很广，但主要栽培区集中在长江流域以南。

◆ **形态和类型**

茭白植株高 2 ～ 2.5 米，多数分蘖而丛生，每一分蘖有叶 5 ～ 8 片。叶片长 150 ～ 180 厘米，宽 2.8 ～ 3.8 厘米，长披针形；叶鞘长 40 ～ 60 厘米，各叶叶鞘自地面向上，层层左右互相抱合，形成假茎。黑粉菌侵入茭白嫩茎后，刺激产生激素物质如吲哚乙酸等，能促进细胞生长，使茎尖膨大，形成肥厚的肉质茎，通称茭白。肉质茎呈纺锤形，长 16 ～ 20 厘米，横径 2 ～ 3 厘米。茭株体内无黑粉菌寄生时，不能形成肉质茎，这种茭株通称"雄茭"。有的茭株体内被黑粉菌侵入后，在肉质茎内形成大量厚垣孢子，使茭肉变成黑灰色，通称"灰茭"，不能食用。有两个栽培类型：①双季茭。在春夏之交和秋季可孕茭。②单季茭。只能在秋季孕茭。

茭白肉质茎

◆ **栽培管理**

茭白喜温暖，气温 10 ～ 20℃ 时萌芽，20 ～ 30℃ 为分蘖盛期，15 ～ 25℃ 为孕茭期；气温降至 16℃ 以下时生长停滞，5℃ 以下时地上部分枯死。用分株法繁殖，在定植和分蘖前期应保持 3 ～ 5 厘米的浅水位，以提高土温促进分蘖；6 ～ 7 月可把水位加深到 10 ～ 12 厘米，以降低土温。茭壳一侧开裂露白后即可采收，每隔 2 ～ 3 天采收一次。

◆ 价值

茭白肉质洁白，肉质嫩茎含有水分、蛋白质、碳水化合物、粗纤维、氨基酸等，作蔬菜食用风味鲜美。中医学认为茭白有利尿、消渴、解毒之功效。

香蒲科

香蒲科是被子植物单子叶植物禾本目的一科。

◆ 地理分布

香蒲科香蒲属广泛分布于除极地和干旱地区外的世界各地，而黑三棱属主产北半球的温带和北极地区。中国南北广泛分布，以温带地区为多。这两个属的植物喜生于沼泽和淡水环境。

◆ 分类系统

本科全世界仅有 2 属，即香蒲属和黑三棱属，约 25 种，中国有 2 属 23 种，其中 6 种为中国特有。本科早期与黑三棱科组成香蒲目。形态和分子系统学研究揭示香蒲科和黑三棱科有很近的亲缘关系，已将后者并入香蒲科，并置于禾本目。

◆ 形态特征

香蒲科植物为沼生、水生或湿生的多年生草本植物。具有横走的根状茎。地上茎直立。叶互生、2列，具有基生很短的鞘状叶。条形叶直立或斜上，全缘，边缘微向上隆起，横切面呈新月形、半圆形或三角形，具平行脉。叶鞘长，边缘膜质，抱茎或松散。花单性，雌雄同株，穗状花序。雄花序生于上部至顶端，比雌花序粗壮。雌花序位于下部，与雄花序紧密相接，有时在花序轴上相互隔开。在雌雄花序基部具有叶状苞片。雄花和雌花均无花被，雄蕊多为 1 ～ 3 枚，

香蒲

雌蕊子房柄基部至下部具白色丝状毛。可孕的雌花柱头条形、披针形或匙形。子房上位，1 室 1 倒生胚珠，不孕雌花柱头不发育，无花柱。核果或蓇葖果，纺锤形或椭圆形，果皮膜质，透明或灰褐色，具条形或圆形斑点。种子椭圆形，光滑或具突起，具有肉质或粉状的内胚乳，胚根肥厚。花果期 5 ～ 8 月。染色体数目 $2n = 30$，60。

香蒲科为虫媒传粉植物。其横走的地下茎，长带形的叶片，花序密集成一棒状是其典型的特征。

◆ **价值和代表性物种**

香蒲科植物经济价值较高，被广泛应用于医药、编织、造纸和食品业等，是重要的水生经济植物之一，有些种还具有观赏价值。本科代表性植物为香蒲。

泽泻科

泽泻科是被子植物单子叶植物泽泻目的一科。

◆ **地理分布**

泽泻科广布于世界各个大陆（北极圈和干旱区除外）。起源较早，在北极圈的第三纪地层中有泽泻属、慈姑属的果实化石记录。欧洲中部第三纪中新世地层中也发现有类似泽泻属、慈姑属、泽苔草属的化石。主要产于南北半球温带至热带地区的沼泽、湿地或水域。中国南北均有分布。

◆ **分类系统**

历史上，分类学家对泽泻科在系统学上的位置有不同意见。不少人认为它是单子叶植物中的最原始科之一。但 APG 系统分子系统树已确立本科所在的泽泻目是单子叶植物早期分化的基部分支。与基部被子植物和基部真双子叶植物共有一些原始性状，如心皮多数离生等。在分子树上，本科与水鳖科和花蔺科近缘。全世界共有 11 属约 100 种，中国有 4 属 20 种。常见的有泽泻属和慈姑属等。

◆ **形态特征**

泽泻科植物为多年沼生或水生草本植物，稀一年生。有根状茎、匍匐茎、球茎、珠芽。叶大多数基生，直立或浮水以至沉水。叶常随习性（浮水或沉水）发生变态。叶全缘，叶脉平行；叶柄长短随水位深浅有明显变化，基部具鞘。花有花梗，生于花茎上成总状花序，或在花茎上轮状分枝成圆锥花序。花两性、单性或杂性，辐射对称。花被片 6 枚，

排成 2 轮，覆瓦状，外轮花被片宿存，内轮花被片易枯萎、凋落。雄蕊
6 枚或多数，花药 2 室，外向，纵裂，花丝分离，向下逐渐增宽，或上
下等宽。心皮多数离生，轮生或螺旋状排列，花柱宿存，胚珠通常 1 枚，
着生于子房基部。瘦果两侧扁压，或为小坚果。种子通常褐色、深紫色
或紫色，胚马蹄形，无胚乳。染色体基数 $x = 7 \sim 11$，染色体数目变
化较大，$2n = 14$，16，20，22，26，28，40，42。

　　本科以虫媒传粉为主，无专性访花者，有闭花受精现象（泽泻属）。

◆　**价值**

　　泽泻科植物多具有观赏
性，还是野生动物的重要食
物来源之一。慈姑属植物是
重要的水生经济植物之一，
植株可作为鱼、家畜、家禽
的饲料，部分球茎可供食用，
如慈姑。据《中华人民共和

慈姑

国药典》记载，东方泽泻的干燥块茎可以入药，中药名为泽泻。可入药，
味甘、淡，性寒，归肾、膀胱经，具有利水渗湿、泄热、化浊降脂之功效。
主治小便不利、水肿胀满、泄泻尿少、痰饮眩晕、热淋涩痛、高脂血症。

野慈姑

野慈姑是泽泻科慈姑属一年生草本植物。

野慈姑根状茎横走，茎极短。叶形变化大，通常为三角箭形，主脉

5～7条，自近中部外延长为两片披针形长裂片，外展呈燕尾状；叶柄基部渐宽，鞘状；花葶直立，挺水，高，粗壮。花序总状，花单性，上部为雄花，具细长花梗，下部为雌花，具短梗；苞片披针形，外轮花被片椭圆形或广卵形；内轮花被片白色或淡黄色；瘦果两侧压扁，倒卵形，具翅；果喙短，自腹侧斜上。种子褐色。花期6～8月，果期9～10月。以种子或块茎进行繁殖。

野慈姑在中国除西藏暂无记录外，其他各地都有分布。日本、朝鲜亦有栽培。喜湿，生于沼泽、水田、沟溪浅水处。为稻田常见杂草，北方部分水稻种植区发生较重，并发展出抗药性。

田间野慈姑的防治以人工打捞球茎和化学防除为主，如采用亩用48%苯达松水剂100～200毫升或70%二甲四氯钠盐30～50克或50%捕草净粉剂50～100克加细潮土20千克拌匀，施药前应撤干水层后喷药或撒药，施药后一天复水。

矮慈姑

矮慈姑是泽泻科慈姑属一年生草本植物。又称瓜皮草。

矮慈姑须根发达，白色，具地下根茎，顶端膨大成小行球茎。叶基生，光滑，基部鞘状，具横脉。花茎直立，总状花序，花轮生，单性。雌花1朵，无梗；雄花具梗。花瓣3，萼片3；瘦果阔卵形，具翅。花期5～7月，果期8～11月。种子或球茎繁殖。

矮慈姑在中国产于陕西、山东、江苏、安徽、浙江、江西、福建、台湾、河南、湖北、湖南、广东、海南、广西、四川、贵州、云南等省区。越南、泰国、朝鲜、日本等也有分布。喜湿，生长于沼泽、水田、沟溪浅水处。为稻田恶性杂草。

田间矮慈姑发生量大时，水稻移栽 30 天后，每亩用 10% 吡嘧磺隆可湿性粉剂（水星）20 克加 20% 二甲四氯水剂 150 毫升混用，兑水 30 千克均匀喷雾。

莎草科

莎草科是被子植物单子叶植物纲禾本目的一科。

莎草科植物世界广布，中国南北均产。喜生于潮湿处或沼泽中，也生长在山坡草地或林下。

莎草科为多年生草本植物，较少为一年生。多数具根状茎，少数兼具块茎。大多数具有三棱形的秆。叶基生和秆生，一般具闭合的叶鞘和狭长的叶片，或有时仅有叶鞘而无叶片。花序以小穗为基础，单生、簇生或排列成穗状或头状，再排成总状、圆锥状、头状或长侧枝聚伞花序；每小穗具 2 至多数花，或退化仅具 1 花；花两性或单性，雌雄同株，少异株，着生于鳞片（颖片）腋间，鳞片覆瓦状螺旋排列成二列，无花被或花被退化成下位鳞片或下位刚毛，有时雌花为先出叶所形成的果囊所包裹；雄蕊多为 3 个，花丝线形，花药底着；雌蕊 2～3 心皮合生，子房 1 室 1 胚珠，花柱单一，柱头 2～3 裂。果实为小坚果，三棱形、双凸状、平凸状或球形。染色体数目变化复杂，从 $2n = 24, 32, 44, 46, 48, 50, 52, 54, 60, 74, 80, 82, 108$，也有记载 $x = 7, 9,$

12，38，50，56，60，62。

莎草科为单系类群，全世界约 106 属 4500 ~ 5400 种，中国有 33 属 865 种，320 多种为中国特有。莎草科的系统位置变动较多，有时独立为一目——莎草目，有的认为与禾本科近缘构成禾本目。分子系统学研究揭示莎草科与灯芯草科为姐妹群，属于禾本目。代表性物种为伞草和荸荠。

莎草科是人类发展中重要的生产资料、食物资源、饲用资源，也是全世界天然草地中饲用价值高、数量多

荸荠

的一类优良牧草。有些种类的块茎可供食用，如荸荠、油莎草等。有的为优良牧草，如高山嵩草、柄状薹草等。白颖薹草、异穗薹草等可作草坪，美化环境。

莎草属

莎草属是被子植物单子叶植物禾本目莎草科的一属。

莎草属广泛分布于南北半球各大洲，中国大多数种分布于华南、华东、西南各省区，少数种在东北、华北、西北一带亦常见到。

莎草属植物为一年生或多年生草本植物。茎三棱，直立，丛生或散生，粗壮或细弱。叶多生于茎下部或基生，三列，叶片线状披针形、条形或线形，具闭合叶鞘，无叶舌。聚伞花序单一或复出，或有时短缩成

头状，基部具 2 ～ 10 枚叶状苞片。小穗数个至多数，进一步形成穗状、指状、头状，生于辐射枝顶端；小穗轴通常具翅，宿存；鳞片（颖片）二列，每鳞片内具一朵两性花，有时最上面鳞片内的花不结实；无下位刚毛（退化花被）；雄蕊 1 ～ 3；雌蕊多 3 心皮合生，少数 2 心皮，一室 1 胚珠，花柱基部不增大，柱头 3，极少 2 个，成熟时脱落。小坚果三棱形。体细胞染色体数目在 16 ～ 208 变化。

本属有 600 余种，中国有 62 种（8 种特有，2 种引进）。本属为单系类群，属下一般分 2 个亚属：莎草亚属和密穗莎草亚属。

本属植物多为路边、田边杂草，但也有不少具有经济价值的植物，如中药香附子为莎草的地下小块根，为健胃药，也可治妇科疾病。茫苎和高秆莎草的秆可编织席、坐垫、提包和草帽等；

莎草

原产北非及地中海地区的油莎草是优质、高产和综合利用前景广阔的集粮、油、牧、饲于一体的经济作物，中国已引种栽培，块茎含油率达 27%，也可生食、炒食、油炸，味道香甜。

水莎草

水莎草是莎草科莎草属多年生草本植物。又称三棱草。

水莎草根状茎长。秆粗壮，扁三棱形，平滑。叶片背面中肋呈龙骨状突起。苞片常 3 枚，复出长侧枝聚伞花序具 4～7 个第一次辐射枝；每一辐射枝上具 1～3 个穗状花序，每一穗状花序具 5～17 个小穗；花序轴被疏的短硬毛；小穗轴具白色透明的翅；雄蕊 3，花药线形，药隔暗红色；花柱很短，柱头 2，细长，具暗红色斑纹。小坚果渐次成熟脱落，以根状茎或种子繁殖发生。

水莎草在中国广布；朝鲜、日本、喜马拉雅山西北部，以及欧洲中部、地中海地区也有分布。多生长于浅水中、水边沙土上。

水莎草防治应采取农艺措施和化学除草相结合的方法。化学防除以施用苯达松效果较好，如田间各种杂草共生，可用 48% 苯达松水剂 75～100 毫升加 20%2 甲 4 氯水剂 150 毫升混用。

荸　荠

荸荠是莎草科荸荠属多年生浅水草本植物。又称马蹄、地栗。以球茎作蔬菜食用。

荸荠在中国长江以南各省普遍栽培，广西荔浦和贺州、浙江余杭、江西南昌和湖北团风等地为主产地。

◆ 形态特征

荸荠萌芽后先形成短缩茎，其顶芽和侧芽向上抽生的绿色叶状茎细长如管而直立。叶片退化成膜片状，着生于叶状茎基部及球茎上部。光合作用靠绿色叶状茎进行。从母株短缩茎向四周抽生根状茎，按功能可分为两类：一类是前期抽生的根状茎，形成新的分株；另一类是生长后期抽生的根状茎，其顶端膨大为球茎。

◆ **栽培管理**

荸荠用球茎繁殖。种荠于10～15℃左右萌芽，25℃开始分蘖，30℃植株旺盛生长，气温降至20℃以下时球茎形成。一般在早春选顶芽和侧芽健全的种荠在室外苗床育苗，经常保持湿润；15～20天即可成苗，供大田栽植。分蘖和分株期间保持一定水层并追施氮肥。球茎形成前追施磷肥和钾肥，对提高产量和改进品质有显著效果。于12月下旬后采收地下球

荸荠的叶状茎

茎，此时球茎表皮转为红褐色，含糖量高，味甜多汁。

◆ **价值**

荸荠球茎含有丰富的水分、碳水化合物和蛋白质等，可生食或熟食；也能加工罐藏或作提取淀粉的原料。中医药学认为荸荠有止渴、消食、解热的功效。

野荸荠

野荸荠是莎草科荸荠属多年生草本植物。

野荸荠秆多数，丛生，圆柱状，直立，成株高30～100厘米，灰绿色，有长的匍匐根茎状，根茎的末端膨大成球茎。无叶，仅在秆基部有2～3个叶鞘，膜质，光滑无毛。花柱基从宽的基部向上渐狭而呈二等边三角

形。小坚果宽倒卵形，扁双凸状。花果期夏秋季，以根状茎或块茎繁殖，种子也可以繁殖。

野荸荠全球广布，热带、亚热带地区较多。中国分布于长江中下游及以南地区。生长于水沟、浅水及湖滩，是危害水稻的恶性杂草。低洼地稻田发生较为普遍，局部地区危害较严重，其根茎和块茎繁殖迅速，防除困难。

可在水稻秧苗 4 叶期至拔节前，野荸荠幼苗期时，用二甲四氯加灭草松或唑草酮喷雾防除，也可以在田间建立水层后用二甲四氯拌土或拌肥料撒施防除。

灯芯草科

灯芯草

灯芯草是灯芯草科灯芯草属多年生沼生草本植物。俗称灯草。

灯芯草因茎内充满白色髓芯，构造外坚内松，故坚韧而富弹性，适于编席。灯芯草全世界温暖地区均有分布。中国产于江苏、安徽、浙江、台湾、四川、广东、湖南、福建、湖北和江西等地。所织席子以江苏浒墅关的关席、浙江宁波的宁席和台湾的台湾席最有名。

◆ 形态特征

灯芯草高 27 ～ 91 厘米，有时更高；根状茎粗壮横走，具黄褐色稍粗的须根。茎丛生，直立，圆柱形，淡绿色，具纵条纹，直径 1.5 ～ 3 毫米，茎内充满白色的髓芯。叶全部为低出叶，呈鞘状或鳞片状，包围在茎的基部，长 1 ～ 22 厘米，基部红褐至黑褐色；叶片退化为刺芒状。聚伞花序假侧生，含多花，排列紧密或疏散；总苞片圆柱形，生于顶端，似茎的延伸，直立，长 5 ～ 28 厘米，顶端尖锐；小苞片 2 枚，宽卵形，膜质，顶端尖；花淡绿色；花被片线状披针形，长 2 ～ 12.7 毫米，宽约 0.8 毫米，顶端锐尖，背脊增厚突出，黄绿色，

灯芯草

边缘膜质，外轮者稍长于内轮；雄蕊 3 枚（偶有 6 枚），长约为花被片的 2/3；花药长圆形，黄色，长约 0.7 毫米，稍短于花丝；雌蕊具 3 室子房；花柱极短；柱头 3 分叉，长约 1 毫米。蒴果长圆形或卵形，长约 2.8 毫米，顶端钝或微凹，黄褐色。种子卵状长圆形，长 0.5 ～ 0.6 毫米，黄褐色。

◆ **生长习性**

灯芯草为长日照作物，喜阴凉湿润气候，较耐寒，宜栽于腐殖质多、微酸性至中性（pH 6 ～ 7）、水位较浅的水田中，需肥较多。花期 4 ～ 7 月，果期 6 ～ 9 月。

◆ **繁殖育种方法**

生产上常用分株繁殖，种子繁殖生长缓慢。可采用两次育苗，第一次在 4 月中旬，选择旱地或水田，密植规格为 16 厘米 ×16 厘米，每蔸栽 8 ～ 10 根。旱地育苗需焦泥压根、河泥盖根。水田育苗选择冬干田，

浅水种植，湿润活苑，以后浅水勤灌，干干湿湿，薄肥勤施。多次割尖
促发苑，使种苗粗壮、分蘖增多，勤除杂草防病虫。第二次在 8 月中旬，
按 1：10 的比例移栽。

◆ 栽培管理

选地与整地

种植灯芯草必须轮作，可与紫云英、油菜等实行隔年或 3 年轮
作。以选择土层深厚、排灌方便、通透性好、有机质含量高的黏壤
土为好。

田间管理

每亩施腐熟的人粪尿 1500 千克、稻草还田 500 千克。追肥可在 12
月上旬以后施腊肥，每亩施人畜粪 1000～1500 千克。翌年 7 月下旬，
每亩施人粪尿 1500～2500 千克或尿素 10～15 千克、钾肥 5～10 千克。
5 月下旬至 6 月初需肥最多，一般施尿素 10～15 千克。栽插后适当深灌，
以 3～4 厘米水深为宜，促其回青。

病虫害防治

为害灯芯草的害虫有蝗虫、蓟马、席草螟等。病害主要有纹枯病等。

◆ 采收与加工

灯芯草割尖时间以 4 月中旬末为好，割尖高度以离根部 40～45 厘
米为宜。因草茎高而质地柔软，遇大风暴雨易倒伏，因此还必须撒好网。
一般在割尖后 10 天撒网。秧苗移栽至收割约需 260 天，灯芯草的地上
茎由浓绿转为青绿，草尖顶端 3～4 厘米为淡色或微黄色时即可收割，
一般收割时间为小满之后芒种之前。亩产干草 500～750 千克，约可织

席 250 条。

◆ **价值**

灯芯草纤维长、拉力强,是制高级纸张的原料。灯芯草茎内白色髓芯除供点灯和烛芯用外,入药有利尿、清凉、镇静作用。

雨久花

雨久花是雨久花科雨久花属直立水生草本植物。

雨久花根状茎粗壮,具柔软须根。茎直立,高 30 ～ 70 厘米,全株光滑无毛。叶基生和茎生;基生叶宽卵状心形,全缘,具多数弧状脉,叶柄长达 30 厘米,有时膨大成囊状;茎生叶叶柄渐短,基部增大成鞘,抱茎。总状花序顶生;有花 10 余朵,具花梗;花被片蓝色;雄蕊 6,其中 1 枚较大。蒴果长卵圆形。种子长圆形,有纵棱。花期 7 ～ 8 月,果期 9 ～ 10 月。以种子进行繁殖。

雨久花

雨久花分布于中国东北、华北、华中、华东和华南地区。朝鲜、日本、俄罗斯西伯利亚地区也有分布。喜生于潮湿温暖、阳光充足处。稻田常见杂草。

磺酰脲类除草剂对防除雨久花有较好的效果，例如，单用 10% 苄嘧磺隆可湿性粉剂 20 ～ 30 克 / 亩，秧田和直播田雨久花 2 叶期以前，以药土法撒施；移栽田移栽后 5 ～ 7 天药土撒施，保水层 5 厘米，保持 3 ～ 4 天。

第 **2** 章
浮叶植物

睡莲科

睡　莲

睡莲是睡莲科睡莲属多年水生草本植物。又称子午莲、水芹花。

睡莲在中国广泛分布，也产于印度、日本、克什米尔、哈萨克斯坦、朝鲜、俄罗斯、越南、北美洲和欧洲等国家或地区。

睡莲根状茎短粗。叶纸质，心状卵形或卵状椭圆形，长 5 ～ 12 厘米，宽 3.5 ～ 9 厘米，基部深心形，稍开展或重合。花单生，直径 3 ～ 5 厘米，花萼基部四棱形，萼片革质，宽披针形或窄卵形。花瓣白色，宽披针形、长圆形或倒卵形。浆果球形，为宿存萼片包裹。花期 6 ～ 8 月。

睡莲喜强光、通风良好、水质清洁的环境。对土壤要求不严，但须富含腐殖质的黏质土，最适水深为

睡莲

25 ～ 30 厘米。一般采用分株繁殖，也可播种繁殖。

睡莲可用于美化平静的水面，也可盆栽或做切花。全草可作绿肥。

王 莲

王莲是睡莲科王莲属多年生或一年生大型浮叶水生草本植物的统称。王莲是叶片最大的水生有花植物。

王莲原产于南美洲。由德国植物学家 T. 亨克于 1801 年在亚马孙河的一个支流中发现，并于 1827 年用时任英国女王维多利亚的名字作为属名。1850 年被引种到欧洲。1959 年中国从德国引种王莲并在温室内栽培成功，之后中国的北京植物园、上海辰山植物园、华南植物园、深圳仙湖植物园、西双版纳植物园等均引种成功。王莲属仅有亚马孙王莲和克鲁兹王莲两种，品种也很少，包括美国长木花园通过杂交获得的品种长木和中国科学院西双版纳植物园于 2021 年 10 月国际登录的新品种追梦人等。

◆ **形态特征**

王莲不定须根发达，直立根状茎短。叶漂浮水面，圆形，直径可达 2 米以上，边缘上卷直立，高 7 ～ 10 厘米，形似簸箕。叶上面绿色、红色、铜红色，无刺；叶下面绿色或紫色，网状叶脉突

王莲花

起，叶片在网眼中皱缩，脉具多枚长 2～3 厘米的锐刺。叶柄长，密被粗刺。花单生，伸出水面开放。花梗密被粗刺。萼片 4，卵状三角形，长 10～20 厘米，宽 6～8 厘米，绿褐色，密被刺。花瓣多数，倒卵形，长 10～22 厘米。子房下位，密被粗刺。雄蕊多数，外层变态为花瓣状，花药 2 室，顶端具披针形附属体，花丝扁平，基部渐宽。浆果有香气，果球形，含种子 200～300 粒。种子径 5.5～6.0 毫米，暗绿色，可食用。花果期 7～10 月。

◆ **生长习性**

王莲性喜高温、高湿，不耐寒。生长适温 22～30℃，低于 20℃时植株停止生长，低于 8℃可受寒死亡。生长环境以土质肥沃略带黏性为好。傍晚时分开花，白色有芳香气味；次日变粉红色；第三天变深红色后闭合而谢，沉入水中。种子在水中成熟。可采用种子繁殖，也可分株繁殖、分球繁殖。

◆ **栽培与管理**

王莲可以播种繁殖和育苗繁殖，土壤以微酸性和中性为宜。①选种与播种。因种子具有休眠期，一般不选当年采收的种子播种。成熟种子发芽期约 1 个月，但在催芽的情况下可缩短至 1 周。温室可于 1～2 月播种，中国长江流域 3 月初至 4 月初播种。②育苗繁殖。初生幼苗生长约 20 天至 2 片叶、3～5 条根时，可移植上盆进行育苗。栽种深度以种壳略高出土面为宜，置于温水中，保持叶片浮在水面，移植过程宜控制在 5 小时以内，以防止幼苗离水死亡。当根系伸出育苗盆时，移栽至口径 30～40 厘米的盆中，以畜粪、饼肥、蹄片作为基肥与塘泥混合装盆。当露天池水温度达 18℃以上时，移栽于池中向阳避风处。入塘前施绿肥混以复合肥作为底肥。王莲栽培要求水深 20～30 厘米，保持水体轻微流动。以鸡粪、骨粉作为基肥，花期限制氮肥用量，追施磷、钾肥。中国大部分地区不能露地过冬，须在温室中越冬。

王莲遇气候不适或养殖水质变化会出现多种病虫害，如斜纹夜蛾、褐斑病及有害螺类等，导致王莲叶面破坏甚至无法开花，失去观赏价值。采取以预防为主、治理为辅的原则进行防治，措施有：①经常清理水中的死鱼、死虾，水草烂叶等杂物，保证水质良好。②在高温高湿季节到来之前，定期喷洒防治药剂。除小范围喷洒试剂杀灭害虫外，情况严重时还可将水池抽水后彻底消毒清洁。

◆ **价值**

叶大型，形态奇特；花大，颜色多变，观赏性佳。一株可绿化水体上百平方米，是水景绿化不可或缺的观叶植物，多用于公园、风景区的水体栽培；也常与睡莲、荷花等配植，营造不同的景观效果。王莲叶片巨大，在其上垫塑料板等可承载 50 千克以上的重量，亦用于宝宝拍照等趣味项目。

荷　花

荷花是莲科莲属宿根水生植物。又称莲、荷、芙蕖、水芙蓉。

中国从海南至黑龙江都有野莲分布。荷花在中国栽培历史悠久，中国浙江省河姆渡新石器时代文化遗址中发现有莲花的花粉化石；春秋时期吴王夫差曾为西施修筑玩花池，栽荷观赏；明清以后，莲花在中国南北名园中广泛应用并盛行缸、钵、碗栽。南北各地广泛种植，武汉、杭州等城市收集和培育的品种尤多。东南亚各国、日本、美国、澳大利亚等国均栽种荷花。

◆ **形态和类型**

荷花的地下茎横生，节间肥大，节中有多个气孔道。叶扁圆形，挺立于水面，直径 10 ～ 70 厘米。花单生柄端，花瓣多数，随品种不同而有很大差异，多可至千瓣。花色有红色、粉红色、白色、绿色、黄色或复色等。花谢后花托膨大，即莲蓬。一个心皮形成一个椭圆形的果实，即莲子。

荷花

荷花按花形可分为单瓣型、复瓣型、重瓣型、重台型等类型。按株型大小可分为大花类和中小花类，其中适于钵、碗栽培的小花类特称碗莲。

◆ **生长习性**

荷花喜相对稳定的静水，忌涨落悬殊和风浪较大的流水，水深一般不宜超过 1.5 米。生长季最适气温为 25 ～ 30℃，5℃以下则易受冻。要求日照充足，土质以富含有机质的黏土为宜，对氟和二氧化硫等有毒气体有一定抗性。莲子寿命特别长，千年古莲子仍能萌发新株。常以分株方式进行繁殖。

◆ **价值**

砌池植莲，构成沿水岸线赏荷景观，是中国式园林建筑的传统手法。各地名胜风景均广泛应用，也是净化水体的有效方式。荷花也适用于盆栽。荷花花瓣、嫩叶可食，各部分均可入药。

菱　科

菱

菱是菱科菱属一年生水生草本植物。果实可供食用。

菱原产于中国。《齐民要术》中首次提到菱的栽培方法。在长江流域以南栽培最广。

◆ **形态和类型**

菱的胚根在发芽后凋萎，下胚轴发生不定根，弯曲成弓形，随即长出次生根。次生根有两种：一种弦线状须根，着生在胚根和靠近土壤的茎节上，伸入土中，是吸收养分的主要器官；还有一种绿色的不定根，生在菱的茎节上，含叶绿素，可进行光合作用和吸收水中的养分。茎为绿色或紫红色，细长，蔓性，伸至水面的茎变粗，节间缩短，着生叶片，形成菱盘。菱的叶片有两种：一种是水中叶，狭长线形；

菱（嫩果）

另一种是浮水叶，叶柄长，中部有浮器，组织疏松，内储空气，漂浮水上。菱蔓长 1 ~ 3 米。菱花自叶腋处由下而上依次发生，花白色或粉红色；子房二室，仅一室发育成种子。果实为坚果，不开裂，尖端有短喙。果皮颜色多样。按照果的角数，栽培菱可分为四角菱、两角菱和无角菱 3 个类型。

◆ 栽培管理

菱性喜温暖湿润，不耐霜冻，生长适宜温度为 20 ~ 30℃。生长喜充足光照，可深水种植，也可浅水栽培，深水种植的最高水位不超过 4 米。对土壤的要求不高，但喜松软、肥沃的土壤。可直播或育苗移栽，从角果发芽到第一批果成熟约需 150 天。

◆ 价值

菱的果肉含有丰富的淀粉、糖、蛋白质、矿物质等营养成分。鲜嫩果实可作水果生食或作蔬菜炒食，亦能加工制成淀粉（通称菱粉）或酿酒，还可作烹饪调料或糕点原料。菱肉还有一定的药用价值，《本草纲目》记载："菱，性寒，生食，解积暑烦热，生津健脾。"

第 **3** 章
漂浮植物

满江红科

满江红

满江红是蕨类植物槐叶苹目满江红科满江红属的一种。又称红苹。

满江红广布于世界热带至温带地区，漂浮于水田或湖沼中。中国东南和西南部地区均普遍分布。

满江红通常为小型漂浮水生蕨类，径约 1 厘米，呈三角形、菱形或类圆形。根状茎细弱，呈羽状分枝或假二歧分枝，通常横卧漂浮于水面，或在水浅或植株生长密集的情况下呈莲座状生长。叶细小如鳞片，肉质，在茎上排列成两行，互生；每一叶片都深裂成背腹两部分：上瓣背裂片肉质，浮在水面上，绿色，秋后变红色，能进行光合作用；下瓣腹裂片近似贝壳状，膜质，斜生在水中，没有色素，主要起

满江红

浮载作用。孢子果双生于分枝处,有大小两种,大孢子果体积远比小孢子果小,位于小孢子果下面,内藏一个大孢子;小孢子果内含多数小孢子囊,小孢子囊球形,有长柄,每个小孢子囊内有 64 个小孢子。染色体基数 $x = 22$。

由于本种春季绿色,秋后叶色变红,形成大片水面被染红的景观,十分壮观,故名满江红。全草可作鱼类及家畜的饲料,也可供药用。常与有固氮作用的藻类共生,为优良的绿肥。此外,它还可以降低水体矿化度,调整水体 pH,净化水体和富集重金属离子的作用。

槐叶苹科

槐叶苹

槐叶苹是槐叶苹科槐叶苹属浮水草本植物。又称山椒藻、蜈蚣苹。

◆ 分布及危害

槐叶苹原产于巴西,广泛分布于欧洲、亚洲、非洲以及北美洲地区,已入侵中国台湾。槐叶萍是世界性恶性杂草,在高温多阳的热带地区只需 2.2 天体积就增长 1 倍,并能很快长成 1 米厚度,覆盖湖面或流速缓慢的河流,严重破坏水生生态系统。槐叶苹可阻绝河道、沟渠的畅通,使饮水、运输、灌溉均成问题。它是稻田内的杂草,又是血吸虫病中间寄主。将槐叶苹全草阴干,捣红糖,敷面上炙疗,可立即痊愈,将其烧烟也可用以驱除虫蚤等。

◆ **形态特征**

槐叶苹由多数蕨叶及纤细的茎所组成，没有真正的根。茎绿色至绿褐色，长可达数 10 厘米，质地脆且易断，平展于水面时会作几回叉状分枝。叶 3 枚轮生于节上，二型；2 枚浮水叶呈卵状长椭圆形，长 10～15 毫米，上表面有成簇的小突起；1 枚沉水叶在水中下垂，可长达 25 厘米。孢子囊着生于叶背基部，圆球形似小葡萄，外壳坚实且被有多数茸毛，褐色至黑褐色。

◆ **入侵生物学及其适应特性**

槐叶苹多随水流传播，也可以通过感染的船只传播。多分布于河流、沟渠、海湾等生境类型，营孢子繁殖、断裂繁殖和无性繁殖。喜温暖、潮湿的环境，最适生长温度为 25～28℃，最适 pH 为 6～7.5，在气温较高地区的湖泊、池塘、溪流、沟渠、沼泽、河流等水域生长较快，营养丰富的水域则更有利于此植物的生长繁殖。尽管槐叶苹较适合在温暖适宜的环境下生长，但此植物也能耐受低温或高温环境。

◆ **防治方法**

首先，应禁止传播、销售、迁移和运输植株及其繁殖体，这可较好地阻止其进一步传播。其次，对于野外水域环境中已经定殖的槐叶苹，可用生物防治措施进行治理，在澳大利亚、巴布亚新几内亚、印度、纳米比亚、斯里兰卡和南非等地，用象甲虫对槐叶苹开展生物防治已获得成功。此外，对水域中大量漂浮的槐叶苹，也可以使用机器或收获设备打捞，或通过化学药品进行除治，如敌草快、环嗪酮等药剂使用后均可起到较好的控制效果。

水蕨科

水 蕨

水蕨是蕨类植物水龙骨目凤尾蕨科水蕨属的一种。又称龙头菜。

水蕨广布于世界热带及亚热带各地。在中国主要分布于长江以南各省区，生长在池沼、水田或水沟的淤泥中，有时漂浮于深水面上。

水蕨植株幼嫩时呈绿色，多汁柔软。根状茎短而直立，以一簇粗根着生于淤泥。叶簇生，二型。不育叶柄绿色，圆柱形，肉质，不膨胀，上下几相等，光滑无毛，干后压扁；叶片直立或幼时漂浮。主脉两侧的小脉联结成网状，为狭长的五角形或六角形，不具内藏小脉。叶干后为软草质，绿色，两面均无毛。孢子囊沿能育叶的裂片主脉两侧的网眼着生，稀疏，棕色。孢子四面体形，不具周壁，外壁很厚，分内外层，外层具肋条状纹饰，按一定方向排列。

水蕨富含有多种人体所需的元素和氨基酸，是一种以嫩滑可口著称的高档蔬菜。全草可入药，具有明目、清凉、活血解毒的功效。水蕨的叶形多变，既可种植在水缸、花坛等大型水景容器中作为观赏性植物，又可种植于景观水池或流速较缓的溪流中用来营造水面景观，是集观赏和净化水体为一体的经济环保型植物。

天南星科

浮 萍

浮萍是被子植物单子叶植物天南星目天南星科浮萍属的一种。名出

《本草纲目》。广泛分布在世界温暖地区。中国南北各省区均有分布。习见于水塘、水池、水田或水沟等静水地带。

浮萍为淡水漂浮生草本植物，整个植物为叶状体，具有单一丝状根，长 3 ～ 4 厘米。叶状体平坦，绿色，近圆形、倒卵形或倒卵状椭圆形，全缘，叶脉 3 条。叶状体下面一侧有囊，新叶状体从囊内伸出并浮于水面，有细柄与母体相连，不久即脱落浮水生长。花单性，雌雄同株，具有膜质佛焰苞，二唇形。每个花序有雄花 2 朵，雌花 1 朵。雄花有雄蕊 2，花丝很细。

浮萍

雌花子房 1 室，胚珠单生。果实无翅或具有向顶端侧伸的翅，种子具有 10 ～ 16 条明显的肋，胚乳凸出。花果期 5 ～ 9 月。染色体数 $2n =$ 20，30，40，42，44，50，63，80。

浮萍全草可作猪、鸭的饲料，也是池塘草鱼的饵料。据《中国植物志》记载，其全草入药能发汗、利水、消肿毒，可用于治疗风湿脚气、风疹热毒、衄血、水肿、小便不利、斑疹不透、感冒发热无汗等症。

雨久花科

凤眼莲

凤眼莲是雨久花科凤眼莲属多年生浮水草本植物。又称凤眼蓝、水浮萍、水葫芦、布袋莲。

◆ 分布及危害

凤眼莲原产于巴西，曾一度被很多国家引进，造成在世界各地广泛分布，尤其是亚洲热带地区生长更为旺盛。在中国，凤眼莲于 1901 年被作为观赏花卉从日本引入台湾，20 世纪 50 年代又作为猪饲料推广，后在野外广泛逸生。截至 2020 年，已在长江、黄河流域及华南各省水域环境中大范围扩散。2003 年，国家环境保护总局（今中华人民共和国生态环境部）和中国科学院将凤眼莲列为中国首批外来入侵物种名单，同时此植物亦被世界自然保护联盟列入全球 100 种最严重的入侵种名单之中。在生长适宜区，凤眼莲常常过度繁殖，阻塞水道影响交通；与本地植物竞争光、营养和生存空间；大面积覆盖水体，导致水质污染，滋生蚊虫，影响周围居民和畜牧用水生活，对人民群众的生产、生活产生了严重危害。

◆ 形态特征

凤眼莲株高 30 ~ 60 厘米。根茎粗壮，横走，节处具棕黑色须根，长达 30 厘米。茎极短，具长匍匐枝，匍匐枝淡绿色或带紫色，与母株分离后长成新植物。叶在基部丛生，莲座状排列，一般 5 ~ 10 片；叶片圆形，宽卵形或宽菱形，长 4.5 ~ 14.5 厘米，宽 5 ~ 14 厘米，顶端钝圆或微尖，基部宽楔形或在幼时为浅心形，全缘，具弧形脉，表面深绿色，光亮，质地厚实，两边微向上卷，顶部略向下翻卷；叶柄长短不等，中部膨大成囊状或纺锤形，内有许多多边形柱状细胞组成的气室，维管束散布其间，黄绿色至绿色，光滑。花葶从叶基部鞘状苞片内抽出，长 30 ~ 40 厘米，穗状花序长 15 ~ 20 厘米，花 5 ~ 15 朵，花被裂片 6 枚，花瓣状，紫色偏蓝，花冠两侧对称，直径 4 ~ 6 厘米，上方 1 枚裂片较大，几乎垂直，中部具黄色斑块，5 枚较小，斜上，花被片基部合生呈桶状，基部具腺毛；雄蕊 6，花丝 3 长 3 短，花药蓝灰色；雌蕊子房上位，3 室，胚珠多数，花柱单一，长约 2 厘米，密生腺毛。蒴果卵形，种子小，具棱。花期 6 ～ 10 月，果期 8 ～ 11 月。

◆ **入侵生物学及其适应特性**

凤眼莲喜高温、多湿，适应性很强。以营养繁殖为主，通过侧芽形成匍匐茎，匍匐茎再与母体分离达到繁殖的目的。繁殖速度很快，在 5 天的时间内可将植株数量增加至原来的一倍，30 天内即可繁殖 40 ～ 80 株。具有一定的耐寒能力，在海拔 200 ～ 1500 米的水塘、湖泊、沼泽、溪流、沟渠及稻田中均有分布，尤其在阳光充足，水质中性至微酸性，富含氮、磷、钾的水域中生长更好。

◆ **监测检测技术**

凤眼莲的检疫重点是检查调运植物和植物产品中是否携带凤眼莲的根、茎等繁殖体，以及有无黏附的种子。此外，对于通行的船只，也需要检查其是否携带以上的繁殖体材料。对于野外水域环境中定殖的凤眼莲，可结合生态位模型和遥感影像解析对凤眼莲的适生区和实际发生区进行预测和监测，在重点发生区，还需要建立人工监测机制，通过周期性的人工巡查，及时跟踪凤眼莲的发生情况；在条件允许的情况下，可通过高分辨率卫星对凤眼莲的发生动态进行监测。

◆ **防治方法**

凤眼莲防治方法主要包括人工打捞、生物防治和化学防治。人工打捞是最直接有效的办法，也是各地防治的主要手段之一。在生物防治中，中国科学家于 1995 年在中国南方各省引入水葫芦象甲进行生物防治，对凤眼莲的扩散取得了显著的阻断成果。在化学防治上，喷洒内吸性化学除草剂农达，以及其他的一些常用的广谱性除草剂，如2,4-D丁酯、百草枯、草甘膦等，对凤眼莲的生长也有一定的抑制效果。但除草剂在水体中的使用风险较大，不但会降低水体的溶解氧和pH，严重时还会导致其他水生植物和动物死亡，因此一般情况下不建议使用。

苹 科

苹

苹是苹科苹属多年生草本植物。又称田字萍、叶合草（广东）、大浮萍、四叶萍。

苹植株高5～20厘米不等。茎为根状，特征细长横走，顶端淡棕色毛，茎节远离，向上发出一至数枚叶子。叶片是4片倒三角的小叶，十字形，长宽均为1～2.5厘米，外缘半圆形，基部楔形，全缘，幼时被毛。叶脉放射状分叉，由小叶基部分散至叶边。孢子果在短柄上双生或单生，柄着生于叶柄基部，长椭圆形，木质坚硬。

苹分布于温带和热带，在中国广布于长江以南地区，北至华北辽宁地区，西到新疆地区。多生长于水田和沟塘中。

防治途径主要通过物理化学防治相结合的方法。水田播种前，结合耕翻、整地，消灭土表的杂草种子。实行水旱轮作，创造杂草非适应性环境。药剂防治常在催芽或播种后，农药兑水均匀喷雾，常用的除草剂有苄嘧磺隆、丙草胺等。

苹全草入药，也可用于饲料。

第4章

沉水植物

眼子菜科

眼子菜

眼子菜是眼子菜科眼子菜属多年生水生草本植物。又称水上漂。

眼子菜根茎发达，多分枝，节有须根；茎圆柱形；浮水叶革质，具柄，早落，叶脉多条，顶端相连；沉水叶草质，具柄，呈鞘状抱茎。花序穗状圆柱形，生长于浮水叶的叶腋处；花黄绿色，小坚果，花期 5 ～ 8 月，果期 9 ～ 11 月。以种子或根茎进行繁殖。

眼子菜广布于中国南部大部分省区。俄罗斯、朝鲜及日本也有分布。喜生于池塘、水田和水沟等静水中，水体多呈微酸性至中性。为稻田常见杂草，偶为恶性杂草。

防治眼子菜的化学药剂较多，如 50% 的排草净乳油、50% 的扑草净可湿性粉剂、

眼子菜的叶

25% 的敌草隆可湿性粉剂或 78.4% 的禾田净乳油，任意一种拌细潮土均匀撒施即可。此外，在水稻收割后还可以用 25% 的敌草隆（或 50% 的扑草净）可湿性粉剂兑水均匀喷射眼子菜，喷药后田内保持无水 4～5 天，然后按正常情况犁田种小麦、油菜等小春作物。

红　藻

红藻是藻类植物的一门。

◆ 地理分布

红藻在世界广泛分布，包括极地，是水生环境的重要成员。绝大多数为海产，少数生于淡水。海产种类生长的深度可达 200 米，在潮间带则多生于岩石的背阴处、石缝或石沼中，也有少数喜生于暴露的风浪大的岩石上。淡水产种类大多固着于泉水溪流中岩石上或其他基质上。

◆ 形态特征

红藻植物体外形多样，除少数是单细胞或群体外，绝大多数为多细胞体，其中有简单的单列细胞或多列细胞组成的丝状体，或由许多藻丝组成的圆柱状、亚圆柱状、叶状、囊状或壳状，分枝或不分枝的宏观藻体，其中少数种类钙化。藻体直立或匍匐，基部由假根状分枝丝体或多细胞盘状固着器固着于基质上。由藻丝组成的藻体有两种类型：①单轴型。藻体中央有一中轴丝，由它向周围各方生出侧丝组成皮层。②多轴型。藻体中央是由许多中轴丝组成的髓部，再由它向各方生出侧丝组成皮层。

红藻的细胞有细胞壁，分为内外两层，外层由琼胶和卡拉胶等胶质组成，因种类而异，内层为纤维素；细胞壁内面是原生质薄层。细胞间有明显的纹孔连接。多数红藻的营养细胞是单核的，少数为多核。色素体形状常随种类而异，如红毛菜纲的色素体为星状，内含有一蛋白核；真红藻纲的色素体一般为带状或盘状。在叶绿体内有非聚生的光合层，即类囊体。类囊体中含有叶绿素 a、叶绿素 d、叶黄素、胡萝卜素，以及大量的藻红蛋白和藻蓝蛋白，常因其含量不同，使藻体出现不同的颜色，鲜红色、粉红色、紫色、紫红色或暗紫红色等。光合作用产物为一种多糖类——红藻淀粉，小颗粒状，附着在色素体表面或存在于细胞质中。

红藻的生殖类型分为营养繁殖、无性生殖和有性生殖。红藻不同于其他藻类（除蓝藻类外），缺乏具鞭毛的生殖细胞。少数红藻可以进行营养繁殖，营养细胞直接分裂或藻体本身断裂后再生。无性生殖是由藻体产生的单孢子或四分孢子直接萌发为新个体；四分孢子囊的分裂方式可分为十字形、层形或四面锥形；此外，少数种类还产生双孢子、多孢子或副孢子，它们是四分孢子的同种异形物。红藻门的有性生殖均为卵式生殖。红藻的雄性生殖器官是精子囊，每个囊中有一个精子；雌性生殖器官称为果胞，是一个烧瓶状的单细胞，内有一个卵，其上端延伸为丝状凸出体，称为受精丝。精子释放后，能被动地随水流动，到达受精丝并贴附其上，受精过程系精子附着处壁融化，精子核进入受精丝，到达果胞内与卵核结合为合子。受精后的合子直接分裂或间接通过辅助细胞形成产孢丝，由产孢丝再形成果孢子囊，许多果孢子囊集生成为果孢子体，也称囊果。囊果有的由雌配子体分裂而成的果被包围，常具有 1～2

个囊孔；有的不具果被。红藻的绝大多数种类都有 3 个世代的藻体进行世代交替，即孢子体世代、配子体世代和果孢子体世代。配子体产生单倍的精子和卵，二者结合为合子，形成双倍的果孢子体，寄生于雌配子体上，产生双倍的果孢子；果孢子萌发成为孢子体，孢子体在四分孢子形成时进行减数分裂，四分孢子萌发成雌、雄配子体，雌雄同体或异体。

◆ **分类系统**

红藻门分类系统近年来变化很大，基于纹孔结构进化和分子系统学观点，将红藻门划分为 3 个亚门：真红藻亚门、原红藻亚门和小青藻亚门，包含 7 纲，7000 多种。其中红毛菜纲和真红藻纲隶属真红藻亚门。

◆ **价值**

红藻门中有一些营养丰富、味道鲜美的食用种类，如紫菜、麒麟菜、海萝等；还有一些重要的经济物种可作为药材、肥料、饲料、藻胶原料、印染、糊料、涂料等。

麒麟菜属

麒麟菜属是红藻门真红藻纲杉藻目红翎菜科的一属藻类植物。

◆ **地理分布**

麒麟菜属广泛分布于世界暖温带和热带海域。中国见于海南及台湾。

◆ **形态特征**

麒麟菜属藻体肥厚多肉，圆柱形或扁压甚至扁平，辐射分枝或两侧分枝。藻体具有或多或少的疣状突起，形状多样化，对生、轮生或排成一行。藻体髓部为密集的藻丝或纵向稍作延长或不延长的大小细胞。囊果多生于藻体的突起上，囊果中央有一个大的融合胞，以辐射状不育丝与囊果被相连。四分孢子囊层形分裂。

◆ **分类和代表性物种**

本属约有 20 种，中国有 5 种：珊瑚状麒麟菜、麒麟菜、错综麒麟菜、齿状麒麟菜、西沙麒麟菜。

麒麟菜属的代表性物种为麒麟菜，藻体伏卧，圆柱形，长 12 ～ 22 厘米，宽 2 ～ 3 厘米，以盘状体固着器附着于其他物体上；枝广开，呈水平伸出，互生、对生，有时位置稍偏，或呈叉状，枝端尖细，枝周具刺状、疣状突起，分枝常互相愈合，并附着于其他物体上，突起偶单生，但一般稍对生，或 3 至数个轮生，但不规则，上部的长枝往往隔一小段距离稍作整齐的轮生；藻体紫红色，软骨质，制成的腊叶标本不能附着于标本纸上。藻体内部横切面观，为典型的皮层、髓部和中央假根的构造。

◆ **价值**

麒麟菜属藻体的再生力很强，采摘后残存的基部仍能继续生长，海南岛的琼海海藻养殖场即利用此特性繁殖增产，到 2019 年为止，年产干品达 300 吨。麒麟属琼枝是卡拉胶工业的原料。

麒麟菜中的海藻色素糖蛋白对 H22 肝癌细胞的增长具有抑制作用，还对脾和胸腺具有保护作用。麒麟菜中的膳食纤维具有降低血脂的效果，在预防高脂血症等疾病方面具有很好的应用价值。研究表明，麒麟菜中的硫酸酯多糖不仅具有直接杀灭病毒的作用，而且还可能会通过进入细胞内部或吸附在细胞表面，发挥其抑制或杀伤病毒的作用。

沙菜属

沙菜属是红藻门真红藻纲杉藻目沙菜科的一属藻类植物。

沙菜属分布于北太平洋西部，多产于中国南方沿岸，生长在中低潮带岩石上。

沙菜属藻体直立，丛生或错综缠结，多圆柱状，向各方向分枝，被有疏密程度不等的刺状小枝；内部具有中轴，一般明显，有时不十分明显。四分孢子囊生于最末小枝膨大部位的皮层细胞中，囊果球形，凸出于体表面，精子囊窠散生在末枝的表皮层。

本属有 25 种，模式种为钩沙菜。中国有 8 种。常见种冻沙菜，为北太平洋西部特有的亚热带性海藻。藻体鲜红色或暗紫红色，软骨质，高 10～20 厘米，整个藻体无及顶的主干，3～4 回互生的羽状分枝，分枝和小枝的基部略微缢缩，在其顶部常常形成肉质、较粗大而弯曲、色泽较淡的钩状膨大部分，钩背上的小刺或有或无，钩的作用为借以缠结于其他藻体上，相当于高等植物的卷须。内部构造分为皮层和髓部，藻体中央具有一中轴，但在较老的枝内则中轴不显著，有的髓部细胞壁上具透镜状加厚。四分孢子囊枝单条，不分枝，向顶端渐尖细；囊果无柄，球状隆起，生于末枝上，多位于基部，但也有生于中部及顶端的。冻沙菜多缠结在马尾藻类的藻体上，也生长在大干潮线下数米深处的珊瑚或沙砾上；在风浪较大的岩石上，常错综缠结形成团块状。

沙菜属一般作为制造卡拉胶的原料，同时也是食用藻类的一种。长枝沙菜溶出物中的乙醇－乙酸乙酯可作为海洋药物，具有显著的药理稳定性和强效性，毒副作用相对较小，对防治癌症、艾滋病、心脑血管病等疑难杂症具有独特的作用。长枝沙菜、鹿角沙菜和巢沙菜中氨基酸与微量元素含量很齐全，其提取物可作食品添加剂，其粗产品可作动物饲料添加剂。

华管藻属

华管藻属是红藻门真红藻纲仙菜目绒线藻科的一属藻类植物。

华管藻属主要分布于中国青岛，日本濑户内海和九州北岸。生长于低潮带的石隙、岩石或贝类上。

华管藻属藻体呈玫瑰红色，以盘状体固着器附着于基质，其上生直立、圆柱形直立枝，枝上互生分枝和小羽枝，并生有红色毛丝体，它们的开度均为1/6。藻体顶端生长，当毛丝体生长到一定长度即生出小羽枝，形成节部，由它分裂为1个中轴和6个围轴细胞，由围轴细胞分生成皮层。四分孢子体的生殖毛丝体的每一节部的6个围轴细胞中的4个形成孢子囊，2个退化。雄性藻体的生殖毛丝体形成精子囊枝，主枝较粗，分枝较细，精子囊由围轴细胞分化而成，多数无色、透明的精子囊器围生于中轴细胞。雌性藻体上部生殖毛丝体形成果胞系，成熟的囊果较大，卵形或坛形，每一生殖枝上往往生3～5个囊果。

本属只有1种，即美丽华管藻。孢子体高30～39厘米，每一节具4个圆球形四分孢子囊，直径65～135微米，锥形分裂，四分孢子囊卵圆形，直径60～80微米，高75～120微米。雄性藻体高6～10厘米，生殖毛丝体的围轴细胞分化成精子囊，精子囊主枝较粗，小枝较细，成熟精子囊器为无色、透明小卵形，围生于中轴细胞。雌性藻体高 18～20 厘米，果胞系从生殖毛丝体上部发育而成。成熟囊果较大，球形或坛形，直径 755～870 微米，上开囊果孔。果孢子卵形，高90～100 微米，直径 60～70 微米。

鹧鸪菜属

鹧鸪菜属是红藻门真红藻纲仙菜目红叶藻科的一属藻类植物。

鹧鸪菜属为海产或淡水产，多分布于热带、温带地区的河口、盐沼、三角湾及封闭的海湾处。

鹧鸪菜属藻体小，多次叉状分枝，通常由叶片背面产生的根丝固着在基质上，匍匐生长；扁平叶状，有线形、倒卵形，节部常不同程度的缢缩，具中肋，中肋分枝点处通常生出一些次生副枝，有时也能长出毛状根丝；叶片由中央轴和翼细胞组成，中央轴由一纵列的大的中轴细胞和 4 个围轴细胞组成，翼细胞在中轴两侧有规则地排列，顶端生长；四分孢子囊生于叶片两侧，集中在枝上部，四面锥形分裂，囊果生在中肋上。

本属约有 19 种，中国有 3 种。代表性物种为鹧鸪菜，藻体丛生，高 1～4 厘米，叶状，不规则叉状分枝。四分孢子囊集生于枝上部。囊果球状，生于分枝点的上部或枝中肋的内面。

海人草属

海人草属是红藻门真红藻纲仙菜目松节藻科的一属藻类植物。海人草属为海产，热带、亚热带多个地区均有分布。

海人草属藻体直立，丛生，互生或二叉分枝，圆柱形，主轴具有厚的皮层，主轴及分枝表面密被毛状小枝。四分孢子囊生长在不规则的膨大的没有皮层的生殖枝上部，精子囊呈卵球形的盘状群，在生殖小枝的顶端形成，囊果卵球形，顶生或侧生在小枝上。

本属有 3 种，中国有 1 种。代表性物种为海人草，藻体直立丛生，高 5 ～ 11 厘米，软骨质，基部具不规则圆盘状固着器。

江蓠科

江蓠科是红藻门真红藻纲江蓠目的一科藻类植物。

◆ 地理分布

江蓠科在世界广泛分布，多分布在热带，其次是温带海域。

◆ 形态特征

江蓠科大多数物种为直立生长，少数属的物种匍匐或寄生，藻体大小差异较大，高几厘米至 1 米以上。藻体的分枝疏密不等，常为互生、偏生或叉分，有时一株藻体可见多种分枝类型，有些物种分枝缢缩成明显的节和节间，分枝基部缢缩或不缢缩，分枝顶端尖细或钝圆。藻体形态多样，多数物种为圆柱状，叶状的类群也较多，但叶片宽窄不一，叶缘扭曲或全缘，或齿状突起或叶缘生有小育枝。内部构造由皮层和髓部组成。皮层细胞小，圆形、长圆形或近方形，最外的几层细胞含有叶绿体，进行光合作用；髓部由大的薄壁细胞组成，一般近圆形或略有角，无色，在某些种类的内皮层细胞和部分髓部细胞中可以见到很多颗粒状的红藻淀粉。

四分孢子囊十字形分裂，散生在四分孢子体各处，埋卧于藻体的皮层细胞中，表面观多为圆形、卵圆形、长圆形和椭圆形等；囊果常呈球形、半球形或圆锥形，分散在藻体各处，明显地凸出于藻体表面，有些种类具有明显的喙状突起，囊果基部缢缩或不缢缩，内部中央有一不育的胎座，周围为果孢子囊，外围有厚的囊果被包围，囊果被构造常随种类的不同而有差异，滋养丝或有或无；精子囊常呈小球状，无色，反光强，连续地生长在藻体表层或成群地散生在藻体皮层中。

◆ **分类系统**

本科现存 8 属，200 多种。其中江蓠属是本科最大的属，有 180 多种。中国有 3 属，30 多种，南北方海区沿岸均有分布，其中南海沿岸江蓠属海藻资源最为丰富。

◆ **价值**

龙须菜、细基江蓠、真江蓠是提取琼胶的优良原料，也可作为鲍鱼、海参等海珍品的饵料。龙须菜已实现规模化人工栽培，成为中国沿海的支柱产业之一。

龙须菜

龙须菜是红藻门红藻纲真红藻亚纲杉藻目江蓠科龙须菜属（拟江蓠属）一种藻类植物。

传统分类学上，基于形态学、生殖特性，龙须菜被分类在江蓠属。然而分子生物学证据支持龙须菜与江蓠属红藻有一定的遗传差异，从而倾向于将其归于新属。龙须菜主要分布于中国山东省沿海，在北美加利福尼亚海湾西海岸和南美的秘鲁沿海也有分布。

◆ **形态特征**

龙须菜藻体红褐色，但是也会发现绿色或黄色的藻体或藻枝，这些颜色变异可能是色素突变表型，也可能是由于藻体为适应生长环境而发生的暂时性色变。龙须菜藻体直立，线形或细圆柱形，丛生在一固着器上，分支侧生，最多可有 3 级分枝。藻枝基部略粗，枝径 0.5 ～ 2 毫米，枝端逐渐尖细。自然状态下藻体多长至 15 ～ 31 厘米，栽培生长可数米甚至更长。不同藻体分枝多寡差别很大。

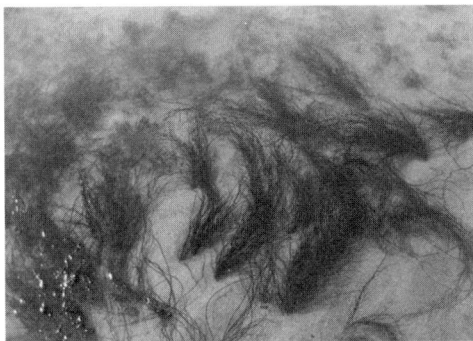

龙须菜

◆ **生长习性**

龙须菜生长于海水水质洁净、向阳的潮间带下部到潮下带，砂岩相间的底质，半埋于海沙里，以固着基固着在碎石上，藻枝在沙滩上生长。在中国山东沿海主要分布地区一年四季均有生存，每年有 2 个旺盛生长的季节，一个在 6 ～ 7 月，另一个在 10 ～ 11 月，每次持续时间约为 50 天。龙须菜的适温范围为 10 ～ 23℃，最适温度为 20 ～ 22℃。

◆ **生长与繁殖**

虽然龙须菜不像陆地植物有根茎叶的分化，但藻体不同部位有不同的生理特性，其生长方式为顶端生长，每日生长速率可达 10% 以上。龙须菜有单倍的配子体和二倍的孢子体世代，具有同型世代交替型生活史。在未达到性成熟前，四分孢子体与雌、雄配子体在外形上没有明显的区别；

发育成熟时，雌配子体藻枝上可观察到囊状凸出的果孢子体（又称囊果），而四分孢子体的藻体表面布满色素较深的斑点，即四分孢子囊。龙须菜的孢子放散量极大，四分孢子体平均每 1 克（鲜重）藻体能达百万的放散量。

◆ **栽培概况**

龙须菜藻体的含胶量极高，可达 20% ～ 30%，所产琼胶质量也可以和石花菜相媲美。基于石花菜养殖困难，自 20 世纪 50 年代江蓠栽培从无至有发展迅速；70 年代，探索出江蓠的半人工育苗技术和网帘夹苗栽培；80 年代，全浮筏栽培技术的成功应用，促进了江蓠栽培发展；2009 年后，江蓠作为琼胶原料的比重由 1999 年的 63% 上升为 80%。超过 90% 的江蓠产自中国，另有少部分产自越南和智利。而龙须菜是江蓠栽培产业化中规模最大且栽培最为成功的物种，因此在中国栽培上所指江蓠主要是龙须菜，其也成为江蓠中较为特殊的物种。

细基江蓠

细基江蓠是红藻门红藻纲江蓠目江蓠科江蓠属一种藻类植物。为亚热带海藻。因藻体及其分枝基部较细而得名。

细基江蓠主要分布于亚洲的中国、日本、印度尼西亚、马来西亚、菲律宾、新加坡、泰国、越南。最早由中国海藻学家张峻甫、夏邦美于 1976 年在广东电白博贺发现。主要品种有细基江蓠、细基江蓠繁枝变种。

◆ **形态特征**

细基江蓠藻体肉红色、黄褐色或暗褐色，单生或丛生，线形、圆柱状，基部非常纤细，有 1 个小盘状固着器。分枝 1～2 次，互生、偏生和二叉式，基部逐渐变细。体长一般 20～40 厘米，可达 160 厘米以上。孢子体比配子体粗而长，果孢子体寄生在配子体上。细基江蓠繁枝变种又名细江蓠，因其具有较多分枝而得名。藻体新鲜时黄褐色，非常纤细，圆柱状，个体较小，长 7～30 厘米。分枝密生，数回，互生或偏生，向基部逐渐变细。

◆ **生长习性**

细基江蓠在中国福建、广东和广西沿海均有分布。多见于有淡水流入的内湾沙泥滩上，固着生长于粗沙粒、卵石和各种贝壳上。适宜生长温度为 10～29℃，最适 13～22℃。适宜生长盐度为 3.8～35.4，最适盐度 7.7～23.9。孢子体和配子体于 2～4 月成熟。

细基江蓠繁枝变种在中国福建、广东、广西、海南、台湾等地沿海均有分布。多年生，一年四季均能生长，湛江地区每年生长旺盛期为 5～6 月和 11～12 月。生殖方式主要为营养繁殖。多生长于低潮线以下水域，或有淡水流入的海水池塘。适宜生长温度为 10～35℃，最适 15～30℃。适宜生长盐度为 3.8～23.9，最适盐度 15。

细基江蓠具有孢子体、配子体和果孢子体世代。无性生殖产生四分孢子和果孢子。有性生殖产生果孢与精子囊。

◆ **养殖概况**

中国已有多年养殖细基江蓠繁枝变种的历史。其养殖主要集中在海南，其次为广东和福建，采用池塘养殖模式。沿海居民有采捞天然细基江蓠及细基江蓠繁枝变种作为商品销售的习惯。细基江蓠及细基江蓠繁枝变种均可直接食用，也可用作养殖鲍鱼的饵料，藻体干品常用作提取琼胶的原料。

鱼子菜属

鱼子菜属是红藻门真红藻纲串珠藻目鱼子菜科的一属藻类植物。鱼子菜属在世界广泛分布。淡水产，固着生于泉水山溪中。

鱼子菜属植物体为简单或分枝的丝状体，簇生，末端尖细，橄榄绿色。较老部分具明显的节和节间，具中轴。轴丝裸露，每一个轴丝细胞具 4 个垂直于轴丝的 T 形或 L 形的射线细胞（亦称围轴细胞），射线细胞与外皮层紧密相连。外皮层假薄壁组织状。有性生殖为卵式生殖，雌雄同株。精子囊环生在节的表面，多为块状，有的为环状，突起或否，称"精子囊带"。果胞枝较短，发生在节或节间，产孢丝向中央腔生长，而后发育形成果孢子体，聚集在植物体的空腔处，果孢子囊位于产孢丝顶端。

本属下分 17 种，中国有 4 种。代表性物种为中华鱼子菜，其藻体坚硬，橄榄绿色，高 9～16 厘米，顶部呈毛状，向基部渐细并形成一细长的柄，通常在基部呈对生、互生或叉状的分枝，末端呈毛状。节明显膨大。植物体上部的果孢子囊带为圆柱形，果胞枝多为 4 个细胞长，分散在整个果孢子带上。精子囊群在节上明显膨大，呈宽环带状分布，仅在植物体下部有时间断。中华鱼子菜为中国特有。

紫球藻属

紫球藻属是红藻门红毛菜纲紫球藻目紫球藻科的一属藻类植物。

紫球藻属在世界广泛分布。淡水产，也见于半咸水、海水和潮湿土壤的表面以及阴湿的墙角或温室中的盆罐上。

紫球藻属植物体单细胞，单一生活或成扁平膜状，无一定边缘。细胞圆形或卵形，无胞壁，缺乏骨架的或微原纤维的成分，细胞中常分泌出无定形的黏质的黏附层围绕细胞。细胞中有一明显的星状叶绿体，叶绿体内有一中央蛋白核区域。

本属有 4 种，中国仅 1 种，即紫球藻。紫球藻为单细胞，直径 5 ～ 24 微米，常不规则地聚集在一起，外被一层薄胶膜，常在潮湿土壤及墙壁上形成红色或浅褐色的薄片，干时呈皮壳状。细胞多数球形，血红色或暗紫红色，具 1 个轴生星状或不规则形状的色素体及 1 个无鞘的蛋白核。繁殖方式为细胞分裂。

紫球藻能够产生许多生物活性物质，如藻胆蛋白、多不饱和脂肪酸及胞外多糖物质。该种已完成全基因组序列测定。

紫菜属

紫菜属是红藻门红毛菜纲红毛菜目的一属藻类植物。紫菜属广泛分布于温带海域。生长于浅海潮间带的岩石上。

紫菜在其生活史中具有叶状体和丝状体两个阶段。宏观的叶状体为配子体，单层细胞，卵圆形或披针形，橄榄绿色、红棕色或棕色。紫菜体形及其大小、色泽等常因种类、生态条件、生活环境和季节的不同而有所变异。藻体边缘全缘、平整或有皱褶。细胞内含有一个星状叶绿体。雌雄同株或异株，生殖区通常在藻体顶端或散生，有时局限在叶状体的某个部分，精子囊含有 128 个精子，果孢子囊含有 8 ～ 12 个果孢子。果孢子从母体散发出来后萌发，钻进贝壳等石灰质体中，成长为具有复杂且呈不规则分枝的丝状体，为紫菜生活史中丝状体阶段。从夏末秋初开始，丝状体将形成许多膨大细胞分枝，即膨大藻丝。比较成熟的膨大藻丝有十几个至近百个膨大细胞，呈不规则分枝状，到晚秋以后，各膨大细胞将进行减数分裂，分裂成 2 ～ 4 个孢子，即壳孢子。壳孢子散发后萌发成为新的紫菜叶状体，完成其整个生活史循环。

本属包含 57 种，中国已报道 24 种。基于分子生物学信息，紫菜属内的很多物种被转移至极为类似的法紫菜属，其中包括重要的经济栽培物种条斑紫菜和坛紫菜。代表性物种为坛紫菜，藻体膜状，披针形或长卵形，边缘一般无皱褶。

坛紫菜

坛紫菜是红藻门红藻纲红毛菜目红毛菜科紫菜属一种藻类植物。一种温带性红藻，为中国特有种。

坛紫菜主要分布于中国的福建、浙江、广东 3 省沿海的高潮带。坛紫菜叶状体由叶片和固着器两部分构成，其形态多呈披针形，少数为亚卵形或长亚卵形，藻体呈暗褐红带绿，具有边缘刺。藻体一般由单层细胞构成，极少数个体的局部含双层细胞。天然的野生藻体长度一般只有 10 ～ 35 厘米，而人工栽培的藻体可达 70 ～ 180 厘米。

在坛紫菜的生活史中存在着形态完全不同的叶状体（单倍体）和丝状体（双倍体）2 个世代。坛紫菜叶状体成熟后通过有性生殖产生果孢子，

果孢子遇到贝壳等适宜的基
质附着并钻入壳内，萌发成
贝壳丝状体，后者成熟后放
散出壳孢子并萌发成叶状体，
由于壳孢子的最初二次细胞
分裂为减数分裂，所形成的
叶状体为基因型嵌合体，性

大渔湾坛紫菜养殖场

别为雌雄同体。另外，坛紫菜的雌雄叶状体均可通过单性生殖，产生二
倍体的纯合丝状体，其后代为单性且可育的叶状体。

坛紫菜营养价值较高，蛋白质含量为 33.61%，脂类含量 0.95%，
碳水化合物 52.33%，灰分 13.11%，是一种含高蛋白、低脂肪、味道鲜
美的健康食品。

条斑紫菜

条斑紫菜是红藻门红藻亚门红毛菜纲红毛菜目红毛菜科新赤菜属一
种藻类植物。因其成熟藻体上雄性生殖细胞以条纹状或斑纹状镶嵌于雌
性生殖细胞中而得名。

条斑紫菜主要分布在冷温带的紫菜物种，在中国自然分布于浙江南
麂列岛以北的东海、黄海和渤海沿岸。此外，还分布于朝鲜半岛和日本
中北部沿海以及美国东海岸。

条斑紫菜具有叶状体（配子体）和丝状体（孢子体）异型世代交替
的生活史，叶状体呈薄膜叶片状，多为卵形或长卵形。藻体紫黑或紫褐

色。丝状体微小，呈分枝丝状，通常生长在软体动物的贝壳内，形成点状或斑块状的藻落，并呈现紫黑色。丝状体在无碳酸钙附着基质的人工培养条件下，悬浮生长于海水中，可形成藻落或藻球，称为游离丝状体，或称"自由丝状体"。

在自然界里，条斑紫菜多生长在中低潮带的岩礁上，生长期为11月至次年6月。条斑紫菜的有性生殖方式为叶状体生长至成熟后，藻体前端或边缘部分的营养细胞分别转化为有性生殖器官，

条斑紫菜

受精后放散果孢子萌发成丝状体，丝状体发育成熟放散出壳孢子萌发成叶状体。除此之外，条斑紫菜在幼苗期或小紫菜期还会放散单孢子萌发成叶状体，进行无性生殖。

角毛藻属

角毛藻属是硅藻门中心纲盒形藻目角毛藻科的一属藻类植物。

角毛藻属多生活于海洋中，淡水中生活的极少，在化石中出现的常是其休眠孢子。

角毛藻属细胞连成或长或短的、直或扭曲的、紧密或疏松的链状群体，链中细胞间具细胞间隙，少数单生。细胞呈短而略扁的圆筒形，一般宽度与高度近似。壳面椭圆形或近圆形，有2根角毛。壳环面（常见

的一个面）四角形，有 2 条明显的横纹。邻近细胞的角毛相连，使群体成链状。角毛的长度，常几倍于细胞体本身。链端角毛的形态，常和其他角毛不同，短而粗。细胞行多次间接分裂后，链内出现相异的角毛，于是就分成 2 条链。色素体 1～2 个或多个，有的种类角毛里也有色素体，是分种的特征之一。生殖方式有形成复大孢子、休眠孢子和有性繁殖。

本属共有 180 余种，中国记录的超过 70 种。常见种有窄隙角毛藻、洛氏角毛藻、旋链角毛藻、双突角毛藻。窄隙角毛藻藻体细胞宽环面长方形，细胞间隙狭小，端角毛粗壮，弯曲呈镰刀形。色素体 1 个，片状。

绿　藻

绿藻是藻类植物的一门。

◆ 地理分布

绿藻从两极到赤道、从高山到平地均有分布。绝大多数种类产于淡水，少数产于海水，浮游和固着的均有；此外，还有气生的种类，少数种寄生或与真菌共生形成地衣。

◆ 形态特征

绿藻有单细胞的、群体的或多细胞的；群体定形或不定形；多细胞个体为球形、分枝和不分枝的丝状体、扁平叶片状、杯状和空管状；除极少数外，绿藻的营养细胞多具有细胞壁，细胞壁的外层是果胶质，内层是纤维质；刚毛藻属、鞘藻属和毛鞘藻属的细胞壁还有几丁质，松藻目细胞壁的最内层由胼胝质构成；通常具有 1 至多个细胞核，有液泡，一些群体的团藻类具有明显的胞间连丝；每个营养细胞都具 1 至数个色素体，色素体的形状多样，有杯状、星状、带状、片状、网状、粒状等；绝大多数种类的营养细胞含有 1 至多个蛋白核，少数种类没有；游动细胞具有 2、4 根或更多的等长的鞭毛。

◆ 生殖

绿藻门的生殖方式主要有 3 种：①营养繁殖。绝大多数单细胞种类进行细胞分裂形成新个体；丝状或其他形状的藻体用藻体断裂分离的方式形成新个体。②无性生殖。藻体常产生动孢子，萌发形成新藻体；这是绿藻门中最常见的生殖方式。此外，还可以形成静孢子或厚壁孢子，许多孢子都要经过休眠，有些群体的种类所产生的静孢子与其母体十分相似，即似亲孢子；似亲孢子可以发育成新的群体。③有性生殖。通过配子的结合，形成合子，合子萌发形成新个体。配子结合的方式有同配、异配和卵配 3 种。有的还可进行单性生殖。

◆ 生活史

绿藻生活史有 3 种类型：①单倍体的藻体型。生活史中只是合子是双倍的，合子在萌发时即进行减数分裂。这一类型的绿藻很多，如衣藻。②双倍体的藻体型。生活史中只有配子是单倍的，减数分裂只在形成配子时进行。这一类型的例子很少，如伞藻。③双单倍体的或称单双倍体的藻体型的绿藻有世代交替，即在生活史中，有性世代与无性世代交替出现。有性世代的植物体即配子体，产生单倍的配子，配子结合成为双倍的合子；合子发育成为无性世代的植物体即孢子体，产生孢子。减数分裂在产生孢子的过程中进行，孢子又发育成为配子体，如此循环往复。

有不少的绿藻属于此类型，如石莼。

◆ **分类系统**

绿藻分类系统尚无定论。根据 F. 乐利特（2012）报道，绿藻门至少包含 4 纲，20 目。核心绿藻类群主要包含 3 纲：绿藻纲、共球藻纲、石莼纲。除此以外，还有较原始的葱绿藻纲和较高等的轮藻纲。绿藻纲主要包括衣藻目、环藻目、胶毛藻目、楯毛藻目、鞘藻目。共球藻纲主要包括小球藻目、卵囊藻科、小丛藻目、共球藻目、溪菜目、渡边球藻分支、索囊藻分支。石莼纲主要包括丝藻目、石莼目、刚毛藻目、绒枝藻目、羽藻目、橘色藻目。

鞘藻属

鞘藻属是绿藻门绿藻纲鞘藻目鞘藻科的一属藻类植物。鞘藻属广泛分布于温暖地区浅水水体中。水生，罕陆生。

鞘藻属植物体不分枝，以具有附着器的基细胞附着他物；营养细胞多为圆柱状；顶端细胞先端钝圆，罕为其他形态或延长成毛样；除基细胞外，所有营养细胞都有连续分生子细胞的机能；卵孢子囊经由营养细胞一次分裂直接形成。

根据 AlgaeBase 数据库和《中国鞘藻目专志》报道，鞘藻属约有 450 种，中国产 246 种。代表性物种为大鞘藻。

共生藻属

共生藻属是甲藻门甲藻纲苏斯藻目苏斯藻科的一属藻类植物。又称虫黄藻。

共生藻属广泛分布于热带和亚热带地区。

共生藻属藻体球形，共生于海洋无脊椎动物体内。双鞭毛游动细胞，在壳液泡中含有薄的甲板，甲板水平排成 7 列，横沟有 2 列甲板组成，其甲板构成类型介于无甲类和具甲类之间。藻体分 2 个时期：球状时期和甲藻孢子期，都存在色素体。有 50 个以上的甲板，上壳具有一个顶沟，不具顶孔复合体。

根据 AlgaeBase 数据库报道，本属有 23 个有效种。代表性物种为小亚得里亚共生藻，其藻体细胞圆球形，直径小于 10 微米，顶部和底部钝圆。上壳和下壳等长。横沟较宽。常共生于热带海域的珊瑚、腔肠动物和无脊椎动物体内。另一代表性物种为微小共生藻，几乎发现于所有的热带造礁珊瑚、水母和海葵中，圆球状细胞，直径 6.5 ～ 8.5 微米。

胶球藻属

胶球藻属是绿藻门共球藻纲小球藻目胶球藻科的一属藻类植物。

胶球藻属广泛分布于世界各地。许多种类生长在一些特殊生境，比如酸性、高盐、高辐射、低温，以及与其他生物（如真菌）共生形成地衣。也可与原生动物、高等植物等光合共生，抑或寄生于海洋无脊椎动物。

单细胞或不定型群体，细胞卵形、长椭圆形、纺锤形，

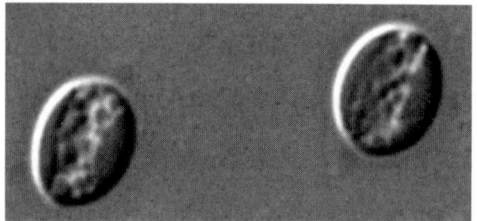

耐高浓度的硫酸镁的一种胶球藻

细胞壁光滑。通过似亲孢子进行无性繁殖。

根据 AlgaeBase 数据库报道，胶球藻属有 30 种，中国有 1 种，即分散胶球藻，细胞椭圆形，直或弯曲，宽 4 ～ 8 微米，长为宽的 2 ～ 2.5 倍。本属的近椭圆胶球藻在 2012 年已完成基因组测序，解释了其适应低温的基因组特征。

小球藻属

小球藻属是绿藻门共球藻纲小球藻目小球藻科的一属藻类植物。小球藻属广泛分布于世界各地。常见于淡水、土壤和内共生生境。

小球藻呈球形、近球形或椭圆形，单细胞或群体（最多 64 个细胞）。胶被有或无，色素体单个，周生，有淀粉粒包裹的蛋白核。以似亲孢子进行无性生殖，似亲孢子通过母细胞壁的破裂释放，子细胞可通过残留的母细胞壁相连形成具胶被的群体。

本属有 44 种，中国已报道 5 种。代表性物种为普通小球藻，单细胞，球形，不产生胶被，表面无刺和纹饰。在一些大规模培养品种中，索罗金小球藻更常见。

市场上销售的小球藻类产品，是一些小球藻属不同种类大规模培养的收获物。为一种优质的绿色营养源食品，具有高蛋白、低脂肪、低糖、低热量以及维生素、矿物质元素含量丰富的优点。

石莼属

石莼属是绿藻门绿藻纲石莼目石莼科的一属藻类植物。石莼属广泛分布于全球海洋，淡水种类很少。

石莼属同形世代交替。藻体为多细胞膜状体，由 2 层细胞组成。基部细胞延伸成假根丝，形成固着器固着于基质上。细胞内有 1 个细胞核和 1 个杯形叶绿体，并含有 1 至数个淀粉核。无性生殖时产生具有 4 条鞭毛的游孢子，有性生殖时产生具有 2 条鞭毛的配子，亦可行孤性生殖。

本属共有 170 余种，模式种为石莼。中国有 10 种，仅 1 种（山西石莼）分布于淡水，其余分布于全国沿海潮间带和 / 或潮下带岩石、石沼或其他附着基质上。

本属的物种具有一定经济价值，可食用和药用。

浒苔属

浒苔属是绿藻门石莼纲石莼目石莼科的一属藻类植物。浒苔属广泛分布于全球温带海洋，淡水和咸淡水种类少。

浒苔属同形世代交替。藻体中空呈管状，不分枝或分枝，圆柱形或部分扁压，从基部细胞生出假根丝形成固着器固着于基质上。由 1 层细胞组成，细胞内有 1 个核及 1 个片状叶绿体，叶绿体充满或不充满细胞，有 1 个或多个淀粉核。营养繁殖通过藻体断裂形成新藻体。无性生殖产生具有 4 条鞭毛的游孢子。有性生殖产生具有 2 条鞭毛的配子，也可进行孤性生殖。

本属共有 70 余种，模式种为肠浒苔。中国有 9 种，其中 1 种（肠浒苔）分布于海洋和淡水中，其余分布于全国沿海潮间带和 / 或潮下带上部岩石、石沼或其他附着基质上。

本属中的部分种类具有经济价值，可作调味品、食品、饲料和药用。

蕨藻属

蕨藻属是绿藻门石莼纲蕨藻目蕨藻科的一属藻类植物。蕨藻属广泛分布于全球热带和亚热带海洋，少部分扩展到地中海和澳大利亚温带水域。

蕨藻属藻体可分为假根枝、匍匐茎和直立部分。直立部分的形状因种而异，有线形、叶片形、羽状、海绵状和泡状等，先放射状后两侧对称分枝，顶端生长和不定生长。形成多核细胞的丝状或管状体。匍匐茎碎片可行营养繁殖，有性生殖为异配生殖。其模式种为育枝蕨藻。

本属共有 100 余种，中国有 14 种，分布于东南沿海潮间带和 / 或潮下带泥沙质、岩石或其他附着基质上。

本属的某些类群具有经济价值，可食用或用作佐料，如总状蕨藻，其中凸镜状蕨藻在东南亚已有人工栽培，广泛应用于食品等行业。

伞藻属

伞藻属是绿藻门石莼纲绒枝藻目伞藻科的一属藻类植物。

伞藻属广泛分布于热带和亚热带海洋中。中国分布于南海沿海低潮带平静处的具有沙粒的碎石、礁石或贝壳上。

伞藻属藻体单细胞不分枝，单生或丛生，高 1 ～ 20 厘米，轻至重度钙化，由假根、管状柄部、不育侧部轮生环和顶部繁殖结构组成，呈伞状。在顶部生长期间，柄在顶端周期性地形成环状排列的分枝毛。成熟的繁殖结构由 30 ～ 75 个分离或连接的末端尖狭或圆形的辐枝组成，形成较浅的盘状或杯状。辐枝在侧面融合或通过钙化连在一起。生殖方式由配子囊辐枝产生配子囊，释放同型配子或异型配子。

　　本属约有 11 种，均为海产。中国仅有 2 种，即伞藻和大伞藻。本属未见有经济价值类群的报道，但具有一定的观赏价值，可用于水族观赏。

轮藻属

　　轮藻属是绿藻门轮藻纲轮藻目轮藻科的一属藻类植物。

　　轮藻属在世界各地均有分布，但主要产于北温带。多生于钙质丰富、有机质较少、呈微碱性的淡水或半咸水中，常在透明度大、少浮叶植物生长的浅水湖、池塘、沼泽大量生长。

　　轮藻属植物体上往往有钙质沉积。茎或小枝多具皮层。小枝不分叉，但节上生有苞片细胞。茎节上具有 1 ～ 2 轮托叶。雌雄同株或异株，同株、雌雄配子囊混生者，藏精器生于藏卵器的下方。藏卵器冠细胞单层。

　　本属有 240 多种，中国有 56 种。代表性物种为普生轮藻，其植物体高 20 ～ 50 厘米，灰绿色，雌雄异株。皮层二列式，刺细胞单生，顶端钝圆。托叶 2 轮，发育良好。内侧小苞片发达，外侧的退化。

水绵属

　　水绵属是绿藻门轮藻纲双星藻目双星藻科的一属藻类植物。

　　水绵属广泛分布于世界各地，在西藏高原海拔 4000 米的地区也有发现。多生长在各种较浅的静水水体中，产于流水中和潮湿土壤上的极少。

水绵属植物体为丝状体，藻丝不分枝，少数种类具假根或附着器。细胞横壁平直或折叠，罕为半折叠或束合；色素体 1 ～ 16 条，周生，带状，螺旋形，各具被有淀粉鞘的蛋白核一列。细胞核位于细胞中央。其有性生殖为梯形接合，或侧面接合，或二者兼具。配囊多由营养细胞经过多次连续分裂后产生的短细胞形成，较少由不经分裂的营养细胞直接形成，极少由营养细胞的一端有规则地分裂出的一个短细胞形成。接合管发育良好，多由雌、雄两配子囊的突起形成，较少由雄配子囊的突起形成，极少数的兼有二者。接合孢子由雌、雄两配子囊的全部内含物在雌配子囊中形成，成熟后，中孢壁的构造，特别在花纹上是各式各样的，有些种类的外孢壁也具有特殊的构造和花纹，部分种类也会产生静孢子、厚壁孢子或单性孢子。

根据 AlgaeBase 数据库报道，本属有 535 种。《中国淡水藻志》中记载此属有 187 种，其中 125 种模式产地为中国。代表性物种为粗壮水绵，细胞横壁平直，色素体带状，螺旋形，3 ～ 5 条。

四孢藻属

四孢藻属是绿藻门绿藻纲衣藻目四孢藻科的一属藻类植物。

四孢藻属分布广泛。中国的多个省区均有发现。在国外主要分布于美国、乌克兰和印度。本属全部产于淡水，多生活于浅水静水中，亦见于溪流，多见于早春季节。

四孢藻属植物体或很小，或可大到 15 厘米，是一团无定形或略有定形、其中埋藏有多数细胞的胶团构成的无定形群体；附着于水中某些物体上，或漂浮于水面；细胞多以 4 个、罕以 2 个为一组，或分散而不成组，埋藏在胶团之内，胶团或较坚实，或成水样稀胶；每个细胞外面有 1 层胶鞘，内有 1 个细胞核、1 个内含 1 到几个蛋白核的杯状色素体；细胞前端多朝向群体的表面，2 根鞭毛在大多数种类都不伸出群体表面，这些鞭毛称为假鞭毛或假纤毛，不能运动。群体的长大是由于细胞的多次分裂及分泌胶质而增大胶团。环境不良时，群体中的任何细胞或全部细胞可以产生具 2 根鞭毛、能动的动孢子，动孢子自胶团中逸出，运动一段时间后，失去鞭毛，分泌产生新的胶团，再经过多次细胞分裂，又形成一个新的群体。少数种类产生同形配子以进行有性生殖。

本属有 18 种，中国有 6 种。代表性物种为胶四孢藻，群体大型，全体为具有许多泡状凸起的扁平胶块，无穿孔，柔软，不规则扩张，宽达 20 厘米，细胞直径多为 7 ～ 12 微米。

衣藻属

衣藻属是绿藻门绿藻纲团藻目衣藻科的一属藻类植物。

◆ 地理分布

衣藻属分布极广，池塘、湖泊、海洋、内陆各种小水体、潮湿土表、苗圃肥水缸，甚至雨后小水坑等都有衣藻生长繁殖。但就种类而言，以内陆各种有机质含量丰富的一年四季在各种静止或缓流水体中都有某种或某些衣藻，但春季不仅种类多，数量也多。有机质丰富的小水体常形成衣藻水华，与微囊藻水华常在水表堆积成厚厚的藻泥不同，衣藻水华在水表常为一层膜状。绝大多数衣藻喜欢肥沃的小水体，通常 pH 为

微酸性或中性，极少数种类生长在酸性水体中，如嗜酸衣藻能在 pH 为
1.7 ～ 2.7 的水体中生长繁殖，而嗜碱衣藻则适宜在 pH 为 8.5 ～ 9.0 的
水体中生活。衣藻最适宜生长的水温为 20 ～ 25℃。雪衣藻则仅在极地
冰雪中生长，形成红雪。此外许多衣藻不仅能在有阳光的条件下营光自
养生活，而且还能在无光的黑暗中利用有机碳源进行生长繁殖。

◆ **形态特征**

衣藻属为单细胞，自由游动，呈球形、卵形、倒卵形、椭圆形、宽纺
锤形或者不规则；常不纵扁；细胞壁平滑，具或不具胶被。细胞前端具或
不具乳头状突起，具 2 根等长的鞭毛。鞭毛基部
有基体，鞭毛的运动有赖于基体的发动，使细胞
得以向前或向后运动。细胞内充满细胞质，有 1
个细胞核；1 个色素体，侧位，较大，常占一个
细胞的很大部分，形状因种的不同而异，有杯状、
瓶状、片状、H 形等；色素体内，埋藏有 1 至数
个外有淀粉鞘、内为蛋白质的蛋白核和 1 个眼点；

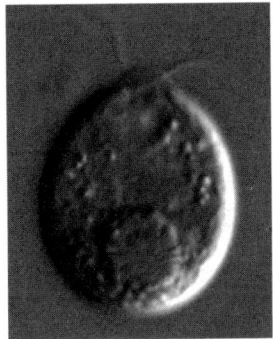
一种衣藻

眼点因有某种胡萝卜素而呈现红色，并有感光能力，使衣藻具有正趋光性；
还有 1 到几个伸缩泡。以伸缩来排泄细胞内的废物。

◆ **生活史**

衣藻生活史周期中主要阶段是具鞭毛的运动时期，这一时期为单倍
体，只有合子为二倍体。因此，衣藻游动时期与大多数藻类一样都是配
子体，衣藻生活周期包括无性繁殖期、有性繁殖期、胶群体期、厚壁孢
子形成及萌发期、游离的营养单细胞期。

◆ 分类和代表性物种

本属有 500 多种，中国有 129 种。代表性物种为莱茵衣藻，细胞球形到椭圆形，不具胶被，前端具或不具乳头状突起，色素体杯状。

红球藻属

红球藻属是藻类植物绿藻门绿藻纲团藻目红球藻科的一属。红球藻属世界性分布。各种静止小水体、潮湿土壤中均常见。

藻体为单细胞，细胞广椭圆形到卵形，细胞壁和原生质体间有一定距离。原生质体卵形，前端具乳头状突起，并具 1 个叉状的胶质管穿过细胞壁，具 2 根等长的鞭毛。色素体大，杯状，具 1 个或多个蛋白核。伸缩泡多于 2 个，具 1 个眼点和 1 个细胞核。有时因积累大量血红素而呈现血红色。

本属约有 6 种，中国已报道 1 种和 1 变种。代表性物种为雨生红球藻，细胞表面无突起，细胞连丝从原生质体表面伸出。被公认为自然界中生产天然虾青素的最好生物，利用这种微藻提取虾青素具有广阔的发展前景。

褐 藻

褐藻是藻类植物的一门。褐藻广泛分布于全球海洋，淡水种类较少。

藻体为多细胞的异丝体、假膜体、膜状体，高级类群具有类似根、茎、叶等器官的分化，内部构造出现表皮、皮层和髓部等组织。细胞（除游动生殖细胞外）具有明显的细胞壁，胞壁主要由纤维素、褐藻胶和褐藻糖胶（岩藻多糖）组成。色素体多为小盘状，亦有呈螺旋带状或分枝带状等，多周生，除含叶绿素 a、叶绿素 c、叶黄素和 β-胡萝卜素外，还含有类胡萝卜素和特有的褐藻黄素（岩藻黄素）。同化产物主要为褐藻淀粉和甘露醇等。生长方式为散生长、居间生长、毛基生长、顶端生长和边缘生长等。

大多数种类具有世代交替，少数种类（如墨角藻目）没有世代交替。世代交替又可分为同形世代交替（等世代交替）和异形世代交替（不等世代交替）。褐藻具有营养繁殖、无性繁殖和有性繁殖 3 种繁殖方式。营养繁殖又可分为藻体断折和繁殖体繁殖。无性繁殖一般是通过单室孢子囊或多室孢子囊产生梨形游动孢子进行，少数种类形成不动孢子进行。有性繁殖，藻体首先产生配子，经配子结合形成合子，具有同配、异配和卵式生殖 3 种方式；配子多产于多室配子囊，但在卵式生殖中配子产生于卵囊和精子囊。少数种类（如墨角藻目）没有无性繁殖，仅以卵式生殖的方式进行有性生殖。

褐藻门植物差异较大，小的仅几毫米，大的可达 60 米，甚至超过 100 米。根据经典形态学特征，本门被分为 1 纲 16 目（其他分类系统中被划分为 21 目），世界上有 340 余属 2000 余种，绝大部分生长在海洋里。中国有 13 目 29 科 76 属 380 余种，仅 3 种分布于淡水中，其余分布于全国沿海潮间带和 / 或潮下带岩石或其他附着基质上。

部分褐藻物种具有重要经济价值，如海带、巨藻、裙带菜、马尾藻属等都是重要的经济种类，占世界栽培海藻的绝对产量。它们也广泛应用于食品、饵料、饲料、工农业原料等许多行业中。

海带属

海带属是褐藻门褐藻纲海带目海带科的一属藻类植物。

海带属广泛分布于北太平洋和大西洋冷温带海域。中国自然分布于东海以北沿海潮间带中下部和/或潮下带岩石或其他附着基质上。

海带属异形世代交替。孢子体明显分为固着器、柄部和叶片三部分。固着器为假根状或盘状。叶片不分枝或深裂为掌状。有些种类的柄部和叶片具有黏液腔道。配子体微小，雌雄异体。无性繁殖产生单室孢子囊，有性生殖为卵式生殖。

本属共有30余种，模式种为掌状海带。中国有1种，即海带，为入侵种。

本属植物一般个体比较大，富含褐藻胶等成分，具有重要的经济价值，其中海带在中国北部沿海大面积人工培养，产量在世界栽培海藻中占比较大。被广泛应用于食品、饵料、饲料、工农业原料等许多行业。

海　带

海带是异鞭毛藻门褐藻纲海带目海带科海带属的一种藻类植物。海带是北太平洋西部特有的冷温性大型褐藻。

海带自然生长在低潮线以下的岩礁上，自然分布于日本本州的金华山以北至俄罗斯千岛群岛南部、鄂霍次克海沿岸，以及日本海北部沿岸周边，包括日本北海道、俄罗斯萨哈林岛（库页岛）及鞑靼海峡沿岸至朝鲜半岛元山附近。中国人工养殖的海带，以及中国北方的辽宁大连和山东烟台、威海近岸后发的野生海带最早均源于日本。

◆ **形态特征**

海带的生活史是典型的异型世代交替生活史。生活史分为大型孢子体和微型配子体两个世代。孢子体成熟后，单室孢子囊群产生游孢子。游孢子在基质上附着后，萌发成为单倍的雌、雄配子体，其中雌配子体为一个细胞，雄配子体多为数个细胞。配子体产生卵和精子，两者结合后萌发成为两倍的叶状体，即海带孢子体。海带孢子体主要分为固着器、柄和叶片。固着器由数次叉状分枝的假根组成。柄部往往较短，下部一般呈圆柱形，上部呈扁压状。叶片光滑呈革质，单条，片状且不分枝，具波状褶皱，基部宽圆，顶部较窄。叶片中央即称中带部，厚度一般为 3 ~ 4 毫米，沿中带部两侧各有一条线形纵沟。体长一般 2 ~ 3 米，宽 20 ~ 30 厘米。体色为浓褐色或黄褐色，且有光泽。海带孢子体叶片和柄部的组织结构大致相同，主要分为表皮、皮层和髓部 3 种组织。其生长方式为居间生长，生长点位于叶片基部及柄部上端之间的区域。

◆ **养殖概况**

海带是中国首先进行人工大规模养殖的海产经济物种。主要采用中国首创的夏苗培育法及筏式养殖法进行人工栽培，其主要工序一般分为育苗、海上幼苗暂养、分苗和海上养成、收割等几个步骤。育苗在每年的 8 月上旬至 10 月中旬期间进行，种海带选择并育成后，用棕帘等育苗器采集种海带释放的游孢子,在人工控制低温的育苗池中进行育苗。当秋季海面水温降至20℃以下时,海带幼苗出库,将苗绳移到海面浮筏上进行幼苗暂养,待体长长至12～15厘米时可进

养殖户在晾晒海带

行分苗,分苗后在浮筏上进行养成。

◆ **价值**

海带主要做食品,是一种重要的海洋蔬菜,可晒干加工,也可加工鲜品。海带由于能够从海水中高效地富集碘,在中国曾作为碘的主要来源,用于治疗甲状腺肿及各种碘缺乏症。工业上,海带是提取褐藻酸钠、甘露醇和碘的重要原料。以海带作为原料的海藻肥有助于农业的增产增收。此外,海带也是某些海洋药物的重要原料之一。

裙带菜属

裙带菜属是褐藻门褐藻纲海带目翅藻科的一属藻类植物。

裙带菜属分布于西太平洋的暖温带水域,已入侵到大洋洲、非洲和欧洲等地。中国分布于浙江以北沿海潮下带1～5米的岩石或其他附着基质上。

裙带菜属异形世代交替。孢子体幼期为卵形、长卵形或披针形,不分枝,生长过程中逐渐出现羽状分裂,具隆起的中肋或加厚似中肋状,

有毛窝而无黏液腔，但有点状的黏液细胞。藻体成熟时，柄部两侧产生褶叠状的孢子叶；孢子囊着生于孢子叶上，棍棒状，具细长的棍棒状隔丝，隔丝顶端有胶质块（胶帽）。配子体微小丝状。

本属共有 4 种，均为海产。中国有 1 种，即模式种裙带菜。

本属植株的个体大，具有重要经济价值，其中裙带菜是东亚的重要人工栽培种类，被广泛应用于食品、饵料、饲料、工农业原料等行业。

裙带菜

裙带菜是褐藻门褐子纲海带目翅藻科裙带菜属一种藻类植物。

◆ 地理分布

裙带菜为太平洋西岸所特有，从中国浙江的渔山岛起，经黄海、日本海到日本北海道附近均有分布。主要生产国为韩国、日本和中国。中国的主要产区在山东、辽宁大连和浙江沿海。

◆ 形态特征

裙带菜体长 1～1.5 米，宽 0.5～1 米，褐色或黄褐色，分为叶片、柄和固着器 3 部分。柄两侧有较宽的皱褶，称为孢子叶。叶片中部有中肋，两侧为羽状深裂片，薄且柔软。裙带菜孢子体幼期叶片呈卵形或长形，单条，在生长过程中逐渐出现羽状分裂，叶片中部有明显的中肋，有黑色小斑点，为黏液腺。藻体成熟时，固着器和叶片之间伸延出折叠状的孢子叶。叶片呈黄褐色，宽 60～100 厘米，长 100～150 厘米，明显地分化为固着器、柄及叶片三部分。

◆ **生长习性**

裙带菜为温水性潮下带海藻，生长于低潮线以下至水深 5 米的岩石上，耐风浪。中国裙带菜野生群体主要分布在浙江的舟山群岛和嵊山岛附近，属于一年生植物，比海带能耐受更高的温度，一般耐温 15 ～ 20℃，水温在 13 ～ 15℃时快速生长。裙带菜主要依靠叶片从海水中吸收氮、磷和钙等生长所必需的营养元素，在体内进行合成、利用和转化。裙带菜光合作用合成的主要产物是褐藻酸和藻聚糖等多糖类，其生殖方式主要依靠游孢子来繁衍后代。

◆ **生活史**

裙带菜常规生活史与海带的常规生活史过程一致。中分孢子体和配子体两个世代。孢子体成熟后放散出游孢子，游孢子附着后发育成雌、雄配子体，配子体成熟

干裙带菜

后产生卵和精子，卵受精后萌发成为孢子体（裙带菜叶体）。

裙带菜是大型经济藻类。供食用，味道鲜美，可淡干、盐干或烫腌加工；也可入药，有软坚散结、消肿利水等功效。20 世纪 60 年代开始人工养殖。养殖过程分为育苗和养成两个阶段。育苗又有海上育苗和室内育苗之分。人工选育的品种有裙带菜"海宝 1 号"、裙带菜"海宝 2 号"。此外，还可与海带间养或者在海底自然增殖。

巨藻属

巨藻属是褐藻门褐藻纲海带目海带科的一属藻类植物。巨藻属分布于北美太平洋及环亚南极沿海。

巨藻属藻体大，长可达数十米，甚至 100 米，生长周期常达 4 ～ 8 年。固着器呈圆锥状，向下产生圆柱状分枝的附着器，向上产生几个中央直立柄，或固着器匍匐、亚舌状、分枝且边缘具有短的附着器。柄的数量多，直立，圆柱状，在近基部二歧分枝 2 ～ 6 次。每个柄分枝后再产生一个藻体，该藻体包含 1 个柄、附生叶片及 1 个具分生组织的顶生叶片。顶生叶片镰状，过渡区域分裂单向向下产生几个幼侧叶片。柄上叶片数量多，具有一个短柄和一个梨形至近球形且包埋在未分离薄片层中的气囊，有规则地间隔排列；薄片层由窄到宽，两端渐尖，光滑到具皱，边缘具小齿。孢子叶位于固着器附近的柄上，二歧分裂数次，具气囊或否，孢子囊覆盖在孢子叶两侧的大部分叶面上，在孢子叶上具侧丝的单室孢子囊中产生孢子。雌雄配子体异型，雌雄异株，卵配生殖，为分枝的单列丝状体。

本属仅有 1 种，即巨藻，均为海产。中国未见报道。

本属是北美太平洋沿岸重要的经济种类，可应用于食品、饵料、饲料、工农业原料等许多行业。

黑顶藻属

黑顶藻属是褐藻门褐藻纲黑顶藻目黑顶藻科的一属藻类植物。

黑顶藻属全球分布，主要分布于温带海洋，淡水种类很少。

黑顶藻属同形世代交替。藻体小，丛生成束或散生成刷形，基部由盘形固着器或匍匐假根状的小枝附着于基质上。直立枝上分出多数小枝，呈刷形。顶端细胞含有大核和浓厚的原生质，横分裂形成节部细胞，节部细胞再纵分裂形成许多大小不等、纵向长的细胞，次生节细胞向外分裂可形成分枝。枝侧面具有毛，叶绿体盘状。通过特殊的营养小枝（繁殖体）进行营养繁殖，产生多室配子囊、中性多室孢子囊和单室孢子囊。

本属在世界上已有 39 种得到确认，除 2 种生活在淡水中外，其他全部生长在海洋里。中国有 9 种，仅 1 种分布于淡水，其余分布于全国沿海潮下带岩石或其他附着基质上。模式种为簇生黑顶藻。

本属未见具有经济价值类群的报道。

鹿角菜属

鹿角菜属是褐藻门褐藻纲墨角藻目墨角藻科的一属藻类植物。

鹿角菜属分布于东北亚沿海。在中国分布于黄海北部及渤海东岸沿海潮间带中部岩石或其他附着基质上。

鹿角菜属藻体线状，叉状分枝。固着器盘状。枝扁平至椭圆，无中肋。气囊或有或无。生殖托生长在普通枝上，每个卵囊内一般含有 2 个卵。

本属共有 3 种。中国仅有 1 种，即鹿角菜，可食用。

马尾藻属

马尾藻属是褐藻门褐藻纲墨角藻目马尾藻科的一属藻类植物。

马尾藻属广泛分布于全球海洋。在中国分布于沿海潮间带和 / 或潮下带岩石或其他附着基质上或漂浮生长。

马尾藻属藻体长 10 ～ 200 厘米，分为固着器、主干、分枝、藻叶、气囊和生殖托等部分。固着器呈盘状、圆锥状、瘤状、盘状和假根状等。主干为圆柱形或扁压，分叉或不分叉。分枝的形态多样，多数为圆柱形，扁压、扁平或棱形等，从主干上部向四周辐射长出，少数种类也有向两侧羽状分枝的。藻叶扁平或棍棒状，形态变异较大。气囊可以帮助藻体浮起直立，以接受阳光进行光合作用。次生分枝、气囊与生殖托都从叶腋处长出，生殖托呈纺锤形、圆锥形、三角形或棱形，表面光滑或有刺。每个卵囊内只形成 1 ～ 2 个卵。

本属共有 360 多种，均为海产。中国有 130 余种。

本属是具有重要经济价值的类群，其中许多物种，如羊栖菜、鼠尾藻和海蒿子等是重要的经济种类，它们是褐藻胶的主要来源之一，可作为食品、工业原料等。

硅　藻

硅藻是藻类植物的一门。

◆ 地理分布

硅藻种类繁多，分布极广，无论在淡水、半咸水、海水中或在陆地潮湿土表、湿藓丛中、岩表、树皮及土壤中，一年四季皆能生长繁殖。大多水生，几乎在所有的水体里都生长，只有极少数生活在陆地潮湿处。

◆ **形态特征**

藻体为单细胞或由细胞彼此连接成链状、带状、丛状、辐射状等群体，浮游或着生；着生种类常具有胶质柄或包被在胶质团或胶质管中。细胞壁除个别种类外，均高度硅质化，形成上、下两壳，以壳环套合形成一个硅藻细胞（称为壳体）；两片硅质壳，一大一小，像盒子一样套在一起；大的套在外面，叫上壳，来自母细胞；小的套在里面，叫下壳，较年轻；壳面弯伸部分称为壳套；上下壳套向中间伸展部分称相连带；上下相连带总称为壳环，这个面称壳环面。有些种类，如根管藻，在壳环面细胞壁上还有很多次级相连带（或称间板）。细胞质和一般植物细胞相似。色素体主要含有叶绿素 a 和叶绿素 c、α- 胡萝卜素、β- 胡萝卜素，以及墨角藻黄素、硅甲藻素和硅藻黄素。同化产物主要为金藻昆布糖和油脂。生殖方式以细胞分裂为主。此外，还以复大孢子、小孢子和休眠孢子以及由产生具鞭毛的配子或其他有性方式等进行繁殖。硅藻常通过一分为二的繁殖方法产生。分裂之后，在原来的上下壳里，各产生一个新的下壳，这样形成的两个新细胞中，一个与母细胞大小相等，另一个比母细胞小。这样连续分裂的结果，个体将越来越小。到了一定限度，小细胞不再分裂，而产生一种孢子，以恢复原来的大小，这种孢子称为复大孢子。

◆ **分类系统**

有些外国学者不赞同将硅藻作为一门，而是把它作为金藻门或异鞭毛藻门中的一纲，即硅藻纲，或棕色藻门、杂色藻门中的硅藻。有学者于 2004 年提出将硅藻门分成 2 亚门 3 纲，即圆筛藻亚门的圆筛藻纲，硅藻亚门的中型硅藻纲和硅藻纲，这个系统在国外采用较多。分类学家们一般认为硅藻源于鞭毛藻，为一个特殊的分支，有现生和化石的种类。中国普遍沿用金德祥（1978）的分类系统，根据硅藻细胞壁的形态结构及壳面花纹的排列，将硅藻门分为中心纲和羽纹纲。本门约有300属，约1.2万种。

◆ **价值**

硅藻是某些浮游动物、贝类、鱼类、鲸类以及其他水生动物的重要饵料，如角毛藻属、卵形藻属中的很多种类都是优质的饵料。浮游硅藻是海洋中主要的初级生产力。化石硅藻在石油勘探、地层划分和对比以及对古地理、古气候及古生态的研究方面有着重要的科学意义。在研究全球气候变化及近代工业发展所造成的环境变化方面都可应用硅藻生态分析加以探讨。另外，以硅藻壳体为主形成的硅藻土具有重要的经济价值。硅藻与渔业资源、水产养殖、环保、地质等密切相关。硅藻本身营养丰富，富含具有重要营养价值和医疗保健作用的不饱和脂肪酸、多糖、蛋白质、类胡萝卜素等生物活性物质，在保健品、药物、化妆品、生物农药、生物燃料、生物材料等方面均具有广泛的应用前景。

直链藻属

直链藻属是硅藻门中心纲圆筛藻目圆筛藻科的一属藻类植物。直链藻属主要为浮游生活。主要为海产，淡水中的种类数量较少。

直链藻属壳体带面观呈方形或长方形。细胞通过壳面彼此连接形成链状群体。壳面圆盘形，结构十分简单，在光镜下看不到纹饰。电镜下观察，壳面及壳套面略具细小的突起。壳缘具多数唇形突起。

中国前期的硅藻研究中，将沟链藻属的种类都归入直链藻属中。直链藻属同沟链藻属的主要区别在于：直链藻属种类不具有肋纹或隔膜，光镜下壳针不可见。

直链藻属有1000多个分类单位（根据《硅藻名称目录》中的记载，包括同物异名）。中国报道有27种，22变种，9变型（其中包括部分沟链藻属、正盘藻属的种类）。

直链藻属代表性物种为变异直链藻，壳体呈圆柱形，连成紧密的链状群体，壳套面环状，壳壁略薄而均匀。假环沟窄；无环沟和颈部。壳面平坦，具极细的齿。常见于缓流或静水水体中。

羽纹藻属

羽纹藻属是硅藻门羽纹纲双壳缝目舟形藻科的一属藻类植物。

羽纹藻属分布广泛，常见于低电导率、略呈酸性的淡水水体中，也有气生种类。

羽纹藻属壳面沿纵轴、横轴对称。壳面大小变化很大，部分种类壳面长度超过250微米，线形、披针形或椭圆形，末端延长或不延长，具头状末端或不具。线纹长室状，放射或平行排列。在部分种类中，长室孔的内壳面开口使得中轴区两侧形成纵线。在其他种类中，不具纵线。壳缝系统直或复杂。通常外壳面观近缝端膨大，略向同一侧弯曲，端隙大而弯曲。中央区向一侧或两侧膨大，同一壳体的两壳面可能具有大小形状不同的中央区。

系统学研究表明，美壁藻属与羽纹藻属的种类位于同一分支，支持了部分研究者认为美壁藻属是其近缘属羽纹藻属的异名的观点。

根据 AlgaeBase 中的记载，本属有 700 多个分类单位。中国报道有 153 种，184 变种，26 变型。

羽纹藻属的代表性物种为北方羽纹藻，其壳面呈线形或线形椭圆形，两侧略平行或略凸。末端不延长，宽圆。中轴区窄。中央区较大，两侧各具 1 ～ 2 条短线纹。壳缝直或略偏侧。远缝端镰刀形，近缝端略膨大，弯向壳面一侧。线纹较宽，排列较稀疏，在壳面中部略呈放射状排列，向两末端略汇聚。

等片藻属

等片藻属是硅藻门羽纹纲无壳缝目脆杆藻科的一属藻类植物。等片藻属多营淡水生活。微咸水或半咸水中也偶见。多附生。

等片藻属壳体带面观呈矩形，通过顶孔区分泌黏质垫形成 Z 形或线形群体。壳面呈线形至椭圆形。壳面具横肋纹和横线纹。具假壳缝。壳面两末端具顶孔区。具唇形突起。

根据 F. 胡斯泰特（1930）、金德祥（1965）、R. 西蒙森（1979）、F.E. 朗德等（1990）、K. 克拉默尔和 H. 兰赫－贝托尔德（2000）的分类系统，等片藻属隶属于脆杆藻科。J.P. 科乔韦克等（2016）的分类系统将该属移入平板藻目平板藻科中。该属全世界共记录有 300 多个分类单位（包括同物异名及不合法命名等），中国共报道 10 种 12 变种。代表性物种为普通等片藻，壳体连接呈 Z 形群体。壳面呈线状披针形，中部微凸，末端宽喙状。横肋纹明显。两肋纹间有横线纹。壳面近末端处具一唇形突起。假壳缝窄。

卵形藻属

卵形藻属是硅藻门羽纹纲单壳缝目卵形藻科的一属藻类植物。

卵形藻属在海水、淡水中均有分布,多数营附着生活,也有化石种类。常贴在高等藻类、水生动物或其他物体上营爬行生活。

卵形藻属的细胞扁平,横轴略弯成弧形和屈膝形。壳面呈宽卵形、椭圆形或近圆形;壳面花纹左右对称,上壳花纹的粗细与排列方式常与下壳略有不同或相似;上壳中线上只有拟壳缝,下壳有壳缝、中节和端节。壳的横轴略有弯曲,所以宽壳环面呈长方形,而狭壳环面呈弧形或屈膝形。色素体只有一个。复大孢子由 1 或 2 个细胞组成。

本属共有 190 多种,中国有 27 种和至少 13 个变种。常见种类有盾卵形藻、扁圆卵形藻线条变种、假边卵形藻。盾卵形藻壳体单生,壳面呈宽椭圆形,上下两壳外形相同,花纹各异或相似;上壳面具假壳缝,下壳面具真壳缝,有中央节及极节;假壳缝或真壳缝两侧具横线纹或点纹。壳体带面观呈横向弧形弯曲。在上壳常有 1 个片状色素体,具 1～2 个蛋白核。

三角褐指藻

三角褐指藻是硅藻门羽纹纲褐指藻目褐指藻科褐指藻属的一种藻类植物。

　　三角褐指藻生活于海水、半咸水中。中国黄海沿岸和福建省沿岸海水中均有分布。英国普利茅斯也曾有记录。

　　三角褐指藻细胞形状有以下 3 种：①卵形细胞。壳面半月形，长约8 微米，宽约 3 微米，具无色的胶囊，细胞壁仅具独特的单一的硅质壳面，但无壳套，壳面具羽纹硅藻类的壳缝和点条纹。②梭形细胞。细胞近梭形，长 14 ～ 17 微米，威尔逊（1946）记载其长为 25 ～ 35 微米。中央宽 3 微米，向两端渐窄。③三叉形细胞。具有 3 个"臂"，臂长 6 ～ 8微米。中央较厚，臂的末端圆，最末端有一圆的小亮点，两臂间的交角不一，细胞壁薄，多数无硅质或只有少量。

　　科学家们已于 2008 年成功绘制出了三角褐指藻的完整基因组图谱，并与第一个测出全基因组序列的中心纲假微型海链藻进行基因序列比对，结果发现它们的基因组结构有很大差异，大约有 40% 的基因不共享。硅藻的测序代表硅藻两个主要类别：假微型海链藻属于双极 / 多极的中心纲，三角褐指藻属于羽纹纲。已发现的中心纲最早化石种类是在1.8 亿年前，而已发现羽纹纲最早化石种类是在 9000 万年前。虽然羽纹纲更年轻，但是它们是到 2020 年为止最多元化的纲，是浮游和底栖生活的主要成员。它们有一系列区别于中心纲物种的特征，包括两侧对称，具同形配子，卵式生殖；它们是主要的污损生物，包括有毒的物种；有壳缝羽纹类可以滑动。三角褐指藻的基因组大小为 27.4 兆碱基对，比假微型海链藻的基因组（32.4 兆碱基对）小一些，预测包含的基因少一些（假微型海链藻有 11776 个，三角褐指藻有 10402 个）。三角褐指藻有 57%的基因和假微型海链藻共享，其中 1328 个是其他真核生物所没有的。

三角褐指藻作为第二个已测基因组序列的模式硅藻，对阐明硅藻的进化起源、功能作用和硅藻特征普遍性具有重要意义。

由于三角褐指藻壳面薄或缺失，且含有较高含量的多不饱和脂肪酸，所以是水产动物的优良饵料，也是保健食品和能源微藻研究的常用实验材料，具有重要的经济价值。

裸　藻

裸藻是藻类植物的一门。又称眼虫藻门。

◆ 地理分布

裸藻分布较广。多数产于淡水，少数产于咸水和半咸水，极少数生长在潮湿土壤或冰雪中，也有寄生或附生的种类。常生长于不同程度的富营养水体中。

◆ 形态特征

裸藻植物体除个别种类为树状群体外，都是具鞭毛游动型的单细胞体，无细胞壁。原生质体表层不同程度地硬化成为表质，表质表面具螺旋或直走线纹。细胞前端有一烧瓶形的储蓄泡，开口于细胞先端，并自其底部长出 1 或 2 根（罕为 3 至多根）鞭毛，自先端开口伸出体外。在储蓄泡的一侧，具 1 至数个司排泄作用的伸缩泡，原生质中的废液汇集在其中而渗入储蓄泡以排出体外；在储蓄泡的壁上常具 1 个有感光功能的眼点。多数种类含有与绿藻门相似的色素体，盘状或星芒状，有或无蛋白核，仅有少数种类不具色素体而成为无色种类。储藏物质均为类似于淀粉的副淀粉和脂肪。

裸藻的营养方式有植物性、纯动物性或腐生性。以细胞纵裂的方式进行繁殖。细胞分裂可以在运动状态下进行，也可以在胶质状态下进行。分裂开始时，着生鞭毛一端发生凹陷，同时细胞核开始进行有丝分裂，鞭毛器和眼点也进行分裂，这些过程结束后，细胞本身发生缢裂。缢裂的结果是叶绿体和裸藻淀粉粒在每个子细胞中各保留一半，一个子细胞保留原有的鞭毛，另一个子细胞长出一根新的鞭毛。在胶质状态下，细胞进行分裂时首先失去鞭毛，并分泌厚的胶被，细胞在胶被内反复分裂，形成许多细胞的胶群体，环境适宜时，每个细胞发育成一个新的个体。有时细胞停止运动，分泌一层厚壁，变成胞囊。胞囊可度过恶劣环境。环境好转时原生质从厚壁中脱出，萌发成新个体。

◆ 分类系统

一般认为裸藻门仅包括 1 纲，即裸藻纲，约有 1400 种，中国有400 多种。

◆ 价值

裸藻富含多种营养物质，具有保健作用。大多数种类在有机质丰富的水中，生长良好，是水质污染的指示植物，夏季大量繁殖使水呈绿色，并浮在水面上形成水华。裸藻门的多数种类在营养时期具有鞭毛，鞭毛藻的构造和习性兼有动物和植物的特征，因此人们把鞭毛藻作为动植物的共同祖先。

裸藻属

裸藻属是裸藻门裸藻纲裸藻目裸藻科的一属藻类植物。又称眼虫藻属。

　　裸藻属分布较广，多数产于淡水中，少数产于半咸水中或海产，极少数生长在潮湿的土壤或冰雪上，也有寄生的种类。

　　裸藻属植物体单细胞，体形可变，一般呈纺锤形或圆柱形，后端尾状，表质具螺旋线纹。具1根鞭毛。眼点明显。色素体绿色，1至多数，星状、盘状或盾形，具或不具蛋白核。少数种类具特殊的裸藻红素，使细胞呈红色。副淀粉杆形、环形或卵形。

　　本属已承认的约有160种，中国报道过62种，但有的种类还有待确认。代表性种类为绿色裸藻，细胞纺锤形，色素体单个，星芒状，蛋白核小，副淀粉卵形或椭圆形小颗粒，多数。

　　本属是湖泊及池塘中常见的浮游藻类，生长旺盛时能形成绿色或红色的黏膜状水华，对池塘养鱼不利。纤细裸藻已被广泛地用作生理生化的实验材料。在某些裸藻中，如纤细裸藻和血红裸藻等，维生素E的含量比较丰富，可药用。

变胞藻属

　　变胞藻属裸藻门裸藻纲裸藻目裸藻科的一属藻类植物。

　　变胞藻属分布广泛，多淡水产，生长在有机质丰富的静水小水体中。少数海产。

　　变胞藻属均为具1根鞭毛的单细胞体，体形易变，常为纺锤形或圆柱形；无色素体和眼点；副淀粉多数，小颗粒状。多营渗透性的腐生营养。形态上与裸藻属很相似，被认为是由绿色裸藻类失去色素体后演化而来。

本属已承认的有36种，中国报道有21种，但有的种类还有待确认。代表性物种为尾变胞藻，其细胞纺锤形，后端长尾状。营渗透性的腐生营养。

甲　藻

甲藻是藻类植物的一门。

甲藻全球分布广泛，是淡水和海洋浮游生物的重要成员。仅有少数类群分布于特定的地理位置，如海洋鳍藻目基本上是一个热带类群。

甲藻主要是单细胞生物，除少数种类无细胞壁外，都有厚的主要是由纤维素组成的细胞壁，称为壳。光合色素为叶绿素 a、叶绿素 c、β-胡萝卜素，叶黄素类为硅甲藻黄素、甲藻黄素、新叶黄素及甲藻所特有的多甲藻素。典型的游动甲藻类由横沟把细胞分成上、下两部分，上部的称为上椎体，下部的称为下椎体，具有两根不同的鞭毛：一根为带状鞭毛，推动细胞左右移动；另一根为向后伸出的线状鞭毛。典型的运动甲藻通常被一条横沟分隔为上壳和下壳。一条纵沟垂直于横沟。纵向和横向鞭毛从横沟和纵沟交汇区伸出。有壳甲藻表面通常覆盖着若干纤维素质板片，板片的准确数目和排列是有壳甲藻分类的重要特征。细胞核中含有始终浓缩的染色体，又称为间核。

细胞分裂是甲藻类最普遍的繁殖方式。有的种类也可以产生动孢子、似亲孢子和不动孢子。有性生殖只在少数种类中发现，为同配式。

本门仅有 1 纲，即甲藻纲，20 目，约 3000 种。

多甲藻属

多甲藻属是甲藻门甲藻纲多甲藻目多甲藻科的一属藻类植物。多甲藻属全球分布。

多甲藻属植物体为单细胞，球形、椭圆形、卵形，罕为多角形，横断面常呈肾形。横沟显著，多数为左旋，也有右旋或环状的；横沟将植物体分为上壳、下壳，纵沟略上伸到上壳。胞壁厚，具平滑或具窝孔状的板片，其间具板间带，具或不具顶孔；顶板 4 块，前间插板 0～3 块，沟前板 7 块，沟后板 5 块，底板 2 块。鞭毛 2 根，色素体多数，颗粒状，呈黄色、褐色，部分种类具蛋白核。具或不具眼点。常具一个搏动泡。具一个间核型细胞核。繁殖方式为细胞纵分裂或产生休眠孢子。

根据 AlgaeBase 数据库报道，本属约有 71 种，中国有 12 种。代表性物种为二角多甲藻，其细胞卵形到球形，大小为（55～90）微米 ×（60～92）微米，背腹扁平。具顶孔。上壳圆锥形或钟形，明显大于下壳。横沟左旋，具明显凸缘；纵沟明显伸入上壳。顶板常具透明的翼。两个底板各具一个三角形的翼状突起。板片具凹的网纹。叶绿体多数，周生。

角藻属

角藻属是甲藻门甲藻纲膝沟藻目角藻科的一属藻类植物。角藻属广泛分布于海洋和陆表水域，在暖水水域更为常见。

角藻属植物体为单细胞，明显不对称，背腹扁平，具1个顶角和2～3个底角。横沟位于细胞中部，呈环状或略呈螺旋状，将植物体分为上壳、下壳，腹面中部向下壳延伸，呈近菱形的透明区，即纵沟，它通常伸入上壳。上壳具4块顶板，4～5块沟前板；下壳具5块沟后板和1块底板。鞭毛2根。色素体多数，周生，圆盘状，呈黄色、黄绿色、褐色。具或不具眼点。具1个大的间核型细胞核。常见的繁殖方法为细胞纵分裂，有些种类也产生动孢子或具有角的厚壁孢子。粗糙角藻具异形配合，其营养细胞是单倍体。

根据 AlgaeBase 数据库报道，本属被描述的有350多种，但只有约30种有效。中国报道过90多种。有学者建议将海洋角藻种类置于一个单独的新属——新角藻属中。淡水中代表性物种为飞燕角甲藻，分布极广，常生活于许多寡－中营养的小型湖泊等静止水体中。细胞纺锤形，长90～450微米，间插板延伸至顶部。

夜光藻属

夜光藻属是甲藻门甲藻纲夜光藻目夜光藻科的一属藻类植物。夜光藻属广泛分布于亚热带和热带海洋地区。

本属为无壳类。细胞近球形，肉眼可见。细胞壁透明，由两层胶状物质组成，表面具微孔。口腔位于细胞横沟、纵沟交汇处，上面有一条长的触手，触手基部有2根短小的鞭毛，靠近触手的齿状突出有横沟退化的痕迹；纵沟在细胞腹面中央。细胞内原生质淡红色，细胞核小球形，由中央原生质包裹，不具色素体，营吞噬型生活方式。

根据 AlgaeBase 数据库报道，本属已描述和记录的有 6 种，但有效种只有 1 种，即夜光藻，细胞近球形，透明，具一条长触手。

夜光藻

夜光藻是甲藻门甲藻纲夜光藻目夜光藻科夜光藻属的一种藻类植物。

夜光藻广泛分布于亚热带和热带海洋中。细胞近球形，直径为 200 ～ 1000 微米，肉眼可见。细胞壁透明，由两层胶状物质组成，表面具微孔，具一条长触手，细胞内原生质呈淡红色。成体横沟不明显，仅在腹面留下一点痕迹；在腹面纵沟内有一根短的鞭毛；纵沟与口沟相通，末端有一条粗大的触手。细胞质集成一包着细胞核的中央团和分散的细条，有大而多的空胞。

夜光藻为一种常见的赤潮生物，也是引起中国沿岸赤潮发生的原因种之一。夜光藻的大量繁殖会对水生动物、浮游动物、浮游植物以及水体营养盐等产生很大影响。作为海洋环境中的一种耐污生物，在富营养化的海区内分布尤盛。它具发光能力，海上发光现象常由其受到刺激而引起。

拟多甲藻属

拟多甲藻属是甲藻门甲藻纲多甲藻目多甲藻科的一属藻类植物。

拟多甲藻属分布于多种生境中，具有广泛的地理分布。大多数种类生活于淡水中，也有极少数种类发现于半咸水或咸水中。

拟多甲藻属细胞呈球形或椭圆形，下壳等于或小于上壳。板片表面光滑，或具点状、刺状、齿状突起或翼等纹饰。具或不具叶绿体。

本属已知约有 20 种，在淡水有壳类群中仅次于多甲藻属。中国有 10 种。代表性物种为倪氏拟多甲藻，细胞呈五边形，背腹极扁平。上壳明显大于下壳。叶绿体棕黄色，多数，盘状。较为常见，每年春季在华中—西南广大区域（如三峡水库库区）形成严重的淡水甲藻水华。

倪氏拟多甲藻

倪氏拟多甲藻是甲藻门甲藻纲多甲藻目多甲藻科拟多甲藻属的一种藻类植物。倪氏拟多甲藻分布于中国温带、亚热带的各种大型湖泊、水库中。

倪氏拟多甲藻细胞呈五边形，背腹极扁平。上壳明显大于下壳，上壳、下壳之比为 1.2～1.6。上壳三角形；下壳梯形、截平，通常饰有两根底刺。横沟稍左旋。纵沟宽，延伸至底端。板片表面饰有不规则乳突状孔纹。叶绿体棕黄色，多数，盘状。细胞大小为（26～48）微米×（15～35）

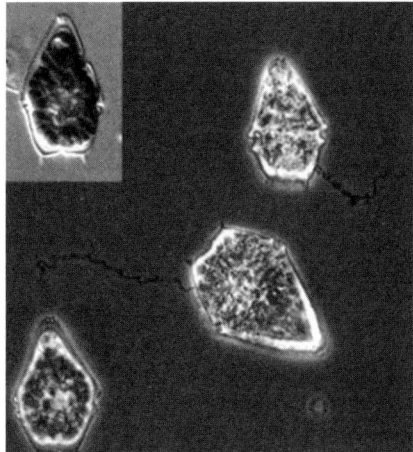

倪氏拟多甲藻

微米。板片排列大致左右对称。顶孔复合器具有明显的脊缘。横沟板为 5 块，其中板片 1c 极短。纵沟板 5 块。纵沟前板相对较小，没有延伸到上壳。纵沟后板相对较大且延伸到底部。沟后板 5 块。底板大小几乎相等，通常对称性地各饰一根短的底刺。在极少情况下，某块底板可以饰有两根底刺。

金　藻

金藻是藻类植物的一门。

◆ 地理分布

金藻分布较广。多为贫营养型淡水水体种类，也有不少为半咸水和海水种类。一般在较冷的季节（如冬季、早春和晚秋）生长旺盛。

◆ 形态特征

金藻植物体类型多样，单细胞或分枝丝状体，能运动或不能运动。运动细胞多具 2 根不等长或等长的鞭毛，也有具 1 或 3 根的，少数类群无鞭毛，但能伸出伪足作变形虫样运动。细胞裸出，或具以果胶质为基质的硅质鳞片，或具囊壳。在多数海产种类的细胞中，或具各种形态构造的碳酸钙体，或硅质骨骼。由于色素体中含有的色素除叶绿素 a 和叶绿素 c 外，还有丰富的 β- 胡萝卜素及少量的叶黄素和墨角藻黄素，因而色素体常呈金黄、黄绿或褐色，常有不具淀粉鞘的蛋白核。同化作用的主要产物为金藻昆布糖及油滴，但不产生淀粉。能运动的单细胞种类，其繁殖方法为细胞纵分裂。群体的种类除细胞纵分裂外，也常断裂成 2

个或更多的新群体。此门藻类最独特的无性生殖方式为原生质形成的静孢子，也叫孢囊，多呈球形，有时为椭圆形，孢壁由 2 个半片套合而成，壁内具硅质，前端具小型圆孔，孔为塞状体所封闭，孢壁平滑或具各种花饰，孢囊萌发时，其原生质形成一个新个体。

◆ **分类系统**

金藻门的分类系统主要是以植物体在进化上的关系为依据，根据它们在生长时期体制的类型，分为金藻纲、黄群藻纲、硅鞭藻纲、海生藻纲、褐枝藻纲、囊壳藻纲和土栖藻纲 7 纲。也有学者将土栖藻纲置于单独的定鞭藻门中。还有学者将金藻类整体作为一纲置于棕色藻门中。金藻门约有 1000 种，中国约有 200 种。

◆ **价值及危害**

浮游金藻没有细胞壁，个体微小，营养丰富，是水生动物很好的天然饵料，有的海产种类已人工培养，是水产经济动物人工育苗期间的重要饵料。钙板金藻、硅鞭金藻死亡后，遗骸沉于海底，可形成颗石虫软泥，有的形成化石，可为地质年代的鉴别提供重要依据。小土栖藻为一有害藻，能产生鱼毒素，引起鱼类大量死亡。此外，金藻在海洋中也可引起赤潮，给渔业造成危害。

海金藻属

海金藻属是金藻门海生藻纲海生藻目海生藻科的一属藻类植物。海金藻属生长在北大西洋。

海金藻属植物体为自由运动的单细胞，小型，少有细胞壁，具囊壳。

细胞呈球形。色素体 1 个，具蛋白核。线粒体 1 个。具鞭毛细胞和孢囊均未见。

本属仅含 1 种。中国尚无报道。

褐枝藻属

褐枝藻属是金藻门金藻纲褐枝藻目褐枝藻科的一属藻类植物。又称金枝藻属。

褐枝藻属为淡水产，附着在其他藻体上，多分布于湖泊、池塘和沼泽中。

褐枝藻属植物体为分枝的丝状体，具明显主轴及近直立的侧枝，基部以半球形的细胞着生在其他基质上，基细胞常无色素体。细胞宽楔形、圆柱形或腰鼓形，细胞核 1 个。色素体 1～2 个或多个，周生，片状，黄褐色。同化产物为油滴和金藻昆布糖。繁殖时细胞内形成 2、4 或 8 个动孢子，通过母细胞壁开孔释放。有的种类产生静孢子。有时也产生不定形胶群体时期。

本属有 6 种，中国有 1 种。代表性物种为褐枝藻，其分枝丝状体，具主轴和近直立的侧枝，多数对生，有时部分互生。无性生殖产生具 2 根不

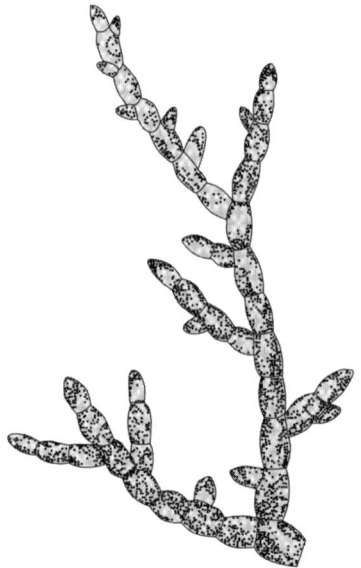

褐枝藻

等长鞭毛的动孢子。

黄群藻属

黄群藻属是金藻门黄群藻纲黄群藻目黄群藻科的一属藻类植物。又称合尾藻属。

黄群藻属分布于淡水和微咸水中。为湖泊池塘、沟渠中的常见浮游种类。

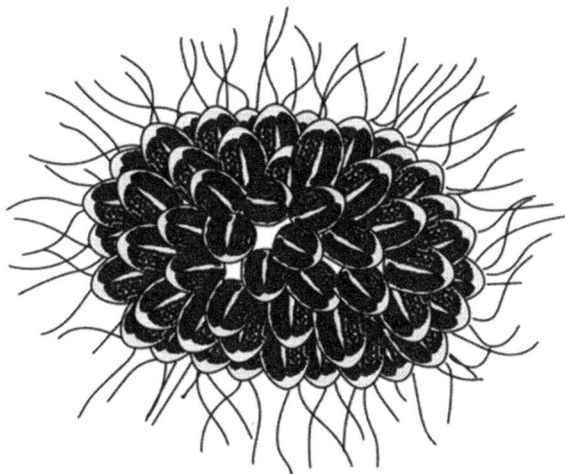

黄群藻

黄群藻属植物体为群体，球形或椭圆形，细胞以后端互相联系放射状排列在群体的周边，无群体胶被，自由运动。细胞球形或长卵形、梨形，前端为广圆形，后端延长成一胶质柄，表质外具许多覆瓦状排列的硅质鳞片，鳞片表面具花纹，具或不具刺。细胞前端具 2 根不等长的鞭毛。伸缩泡数个，主要位于细胞的后端。无眼点。细胞核 1 个，位于细胞的中部。色素体 2 个，周生，片状，位于细胞的两侧，黄褐色。同化产物为金藻昆布糖，大颗粒状，1 个，位于细胞的后端。繁殖方式为细胞纵裂，有的从群体中逸出 1 个细胞，经分裂形成新群体，或群体分裂形成子群体，也可产生动孢子或静孢子。

本属有近 50 种，中国有 7 种。代表性物种为黄群藻，其群体细胞卵形，鳞片圆形到长圆形，前部具六角形蜂窝状网纹，其后部具散生小孔，鳞片的边缘具放射状的肋，沿缘边的棱具一列小乳突。细胞顶部鳞片的顶端具 1 短的、圆锥形的刺。

鱼鳞藻属

鱼鳞藻属是金藻门黄群藻纲黄群藻目鱼鳞藻科的一属藻类植物。

鱼鳞藻属分布广泛，淡水或海产，多生长在含有机质丰富的静水小水体中，有的种类也在泥炭水体中生长。

鱼鳞藻属植物体为单细胞，多为圆柱形、椭圆形、纺锤形、卵形或多角形。原生质体分泌一层果胶质的被膜，外部堆积着鱼鳞状的鳞片，并有规则地叠成覆瓦状或螺旋状。多数种的鳞片有硬刺。细胞前端具一个大的不收缩的液泡，前端或中部或后端具 3 至几个能收缩的液泡。一根鞭毛插入细胞前端，另一根不发育。单核，具明显的核仁。色素体多 2 个，少数 1 个，片状，周生。同化产物为白糖体，多位于细胞基部，呈圆球形。繁殖为细胞纵分裂，无性生殖产生动孢子或静孢子。

本属约有 210 种，中国有 37 种。代表性物种为具尾鱼鳞藻，其细

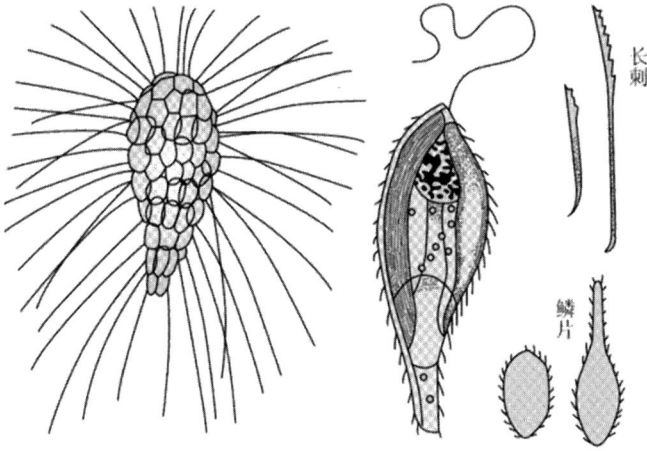

长刺

鳞片

具尾鱼鳞藻

胞椭圆形、卵形、纺锤形或圆柱形。鳞片近圆形、椭圆形、卵形、倒卵形或长圆形，无次生层，有时不对称。

本属藻类可作为鱼虾的饵料。

锥囊藻属

锥囊藻属是金藻门金藻纲色金藻目锥囊藻科的一属藻类植物。又称钟罩藻属。

锥囊藻属分布广泛，是湖泊、池塘中常见的浮游藻类，一般生长在清洁、贫营养的水体中。

锥囊藻属植物体多数为树状或丛状群体，浮游或着生，少数为不分枝群体或单细胞。细胞具圆锥形、钟形或圆柱形并含硅的纤维素果胶质囊壳。囊壳前端为圆形或喇叭状开口，后端锥形，透明或黄褐色，表面平滑或具花纹。细胞原生质体纺锤形、圆锥形或卵形，前端具 2

根不等长鞭毛，长的伸出在囊壳开口处，短的在囊壳开口内，基部以细胞质短柄附着于囊壳的底部。细胞内有一眼点。伸缩泡 1 到多个。色素体 1 ～ 2 个，片状，周生。同化产物为金藻昆布糖，常为一大的球状体，位于细胞后端。繁殖方式为细胞纵分裂，子细胞游出，固着在母体囊壳的内缘，以后由分泌的纤维素、果胶形成新的囊壳。也常形成孢囊，位于囊壳顶端。有性生殖在单细胞的种类中为同配，在群体的种类中，是由一个群体产生雄配子，游动到另一个群体产生的雌配子处受精。

本属约有 40 种，中国有 8 种。代表性物种为分歧锥囊藻，其植物体为分枝较多的树状或丛状，细胞密集排列。囊壳长柱状圆锥形，前端开口处略扩大，中部近平行呈圆柱形，中部的侧壁略凹入呈不规则的波状，后半部呈锥形，后端向一侧弯曲，末端渐尖呈锥状刺。

水树藻属

水树藻属是金藻门金藻纲水树藻目水树藻科的一属藻类植物。

水树藻属世界广泛分布。典型的冷水性植物，生长在山溪急流或雪山融雪滴水岩上。

植物体为分枝的大型胶群体，群体细胞包埋在分枝的树状胶被中，基部着生，细胞包埋在坚韧的胶被中，胶被顶部和幼分枝细胞排列成单列，下半部群体较老的分枝细胞多为多列，细胞球形、椭圆形或卵形，有的细胞由于相互挤压而具棱角；色素体 1 个，周生，片状，黄褐色；

常在群体细胞前端的一侧具 1 个明显的蛋白核，无眼点，细胞核 1 个，有几个收缩泡，具油滴和金藻昆布糖。群体分枝顶端的细胞能进行分裂，无性生殖产生具 1 条鞭毛的游动孢子，有时也在分枝形成的特殊胶柄中产生静孢子。

本属包括 2 种，中国有 1 种。代表性物种水树藻。

水树藻

水树藻是金藻门金藻纲水树藻目水树藻科水树藻属的一种藻类植物。

水树藻分布较广。典型的冷水性植物，生长在山溪急流或雪山融雪滴水岩上。

水树藻植物体为分枝的大型胶群体，群体细胞包埋在分枝的树状胶被中，基部着生，细胞包埋在坚韧的胶被中，胶被顶部和幼分枝细胞排列成单列，下半部群体较老的分枝细胞多为多列，细胞球形、椭圆形或卵形，有的细胞由于相互挤压而具棱角，在群体四周的排列紧密，中间的排列疏松；色素体 1 个，周生，片状，黄褐色；常在群体细胞前端的一侧具 1 个明显的蛋白核，无眼点，细胞核 1 个，收缩泡多个，具油滴和金藻昆布糖。群体高 5～35 厘米，球形的细胞直径 10～20 微米，椭圆形的细胞长 25～30 微米，宽 10～20 微米。群体分枝顶端的细胞能进行分裂，无性生殖产生具 1 条鞭毛的游动孢子，有时也在分枝形成的特殊胶柄中产生静孢子。

黄　藻

黄藻是藻类植物的一门。

黄藻多数分布于淡水、潮湿的土壤或树皮等表面，少数生活在海水中，有的生长在咸水或半咸水中。对于大多数黄藻来说，在春秋两季气温较低的时候容易采到。

黄藻植物体为单细胞、群体、丝状体和多核管状体。大部分种是单细胞或群体类型，其中极少数是具有鞭毛的单细胞种类或呈变形虫状的类型。细胞大多数都具有细胞壁，并由 2 个半片套合而成，单细胞和群体的个体细胞壁是由 2 个 LJ 形半片套合组成的（如黄管藻属），丝状体的细胞壁是由 2 个 H 形的半片套合而成（如黄丝藻属），也有种类的细胞壁不是由 2 个半片套合而成的（如无隔藻属）。色素体 1 至多个，盘状、片状或带状，边位，呈淡绿色或黄绿色。贮藏物质主要是金藻昆布糖和油，不贮存淀粉。在大多数种类中，常见的繁殖方式为细胞分裂和无性生殖，或形成静孢子或动孢子。有性生殖在黄藻中较少见，例如：黄丝藻属是同配生殖，气球藻属是同配生殖和异配生殖，无隔藻属则是典型的卵式生殖。

本门只有 1 纲，即黄藻纲。

黄丝藻属

黄丝藻属是黄藻门黄藻纲黄丝藻目黄丝藻科的一属藻类植物。

黄丝藻属广泛分布于世界各地，常生长在池塘、沟渠等小水体中。有些种类也出现在高温水塘中。多数种类有偏爱钙质的表现，但生长在沼泽中的种类则没有这一偏好。

藻体不分枝丝状体。细胞圆柱形或呈两侧略膨大的腰鼓形，长为宽的 2～5 倍；细胞壁有 2 个 H 形半片套合组成。色素体 1 至多个，周生，盘状、片状、带状，无蛋白核；同化产物为油滴或颗粒状白糖素，具单核。

本属有 27 种，中国有 16 种、2 变种。代表种为狭细黄丝藻、螺带黄丝藻等。藻体为单列不分枝的丝状体。细胞圆柱形，直径 1.5～3 微米，长 16 微米。细胞壁薄，透明而光滑。色素体 1～2 个，周生，带状。

黄管藻属

黄管藻属是黄藻门黄藻纲杂球藻目黄管藻科的一属藻类植物。

黄管藻属通常生长在池塘、沟渠、水坑等小型水体中，附着在其他藻类或者杂质上，生长旺季为春季。

黄管藻属植物体单细胞，或幼植物体簇生于母细胞壁的顶端开口处形成树状群体，浮游或着生。细胞管状，长是宽的数倍。着生种类细胞较直，基部具一短柄固着在其他物体上；浮游种类细胞弯曲或有规

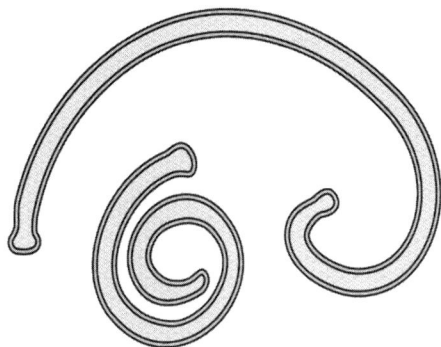

小型黄管藻

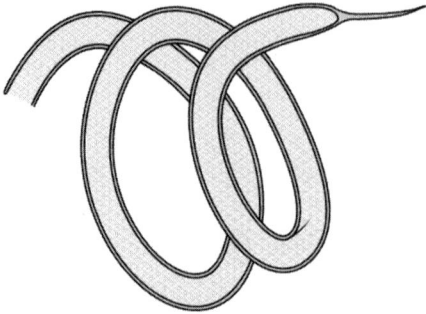

单刺黄管藻

则螺旋状卷曲，两端圆形或有时略膨大，一端或两端具刺，或两端都不具刺。细胞壁由2个不相等的半片套合而成，长的半片分层，短的半片盖状，结构均匀，幼植物体单核，成熟后多核。色素体1至多个，周生，盘状、片状、带状或星形浅裂。无性生殖产生动孢子或似亲孢子。

本属有14种，2变种；中国有10种，2变种。代表种有多变黄管藻、小型黄管藻、头状黄管藻、树状黄管藻、单刺黄管藻等。

胶葡萄藻属

胶葡萄藻属是黄藻门黄藻纲根黄藻目胶葡萄藻科的一属藻类植物。

胶葡萄藻属通常生长在池塘、沟渠、水坑等小型水体中。中国、日本、德国和美国均有分布。

胶葡萄藻属藻体为不定形群体，漂浮，细胞可多达数百个，胶被柔软或坚固，无色均匀。细胞不规则地分散在胶被中，常2～4个（有时更多）细胞聚集在群体边缘。细胞球形或广椭圆形，胞壁平滑。色素体3～4个，周生，片或盘状，有油滴。无性生殖产生似亲孢子或动孢子。

本属共14种，中国有1种，即湖生胶葡萄藻。

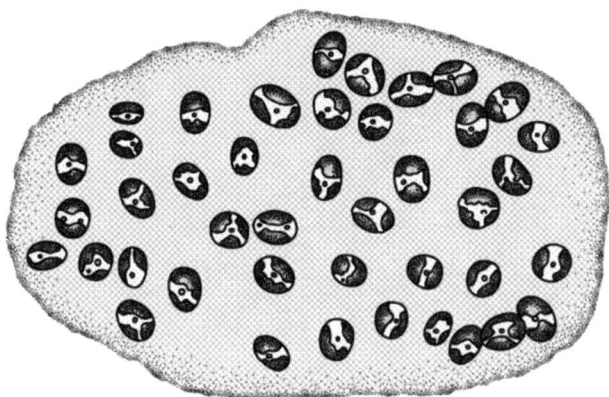

湖生胶葡萄藻

气球藻属

气球藻属是黄藻门黄藻纲气球藻目气球藻科的一属藻类植物。气球藻属通常生活于潮湿土表、水边和田埂上。

气球藻属均为气生藻类，植物体为单细胞、多核体。细胞上部为球形、倒卵形或分叶的囊状体，下部为无色假根。囊状体的形状受环境条件的影响较大，在阴暗之处常为圆柱形，在光强之处多为球形。细胞壁相当坚韧，壁内具1层含有许多核及色素体的稠密的细胞质。色素体盘状，由致密的细胞质丝彼此连接。幼细胞的色素体常具类蛋白核体；同化产物为油滴及白糖素。假根部分分枝或多或少，无色素体，许多核分散在稠密或液泡状的细胞质中。无性生殖产生似亲孢子或在假根部分形成厚壁休眠孢子，当植物生长在水中时，可形成2根鞭毛的动孢子或同形、异形动配子。

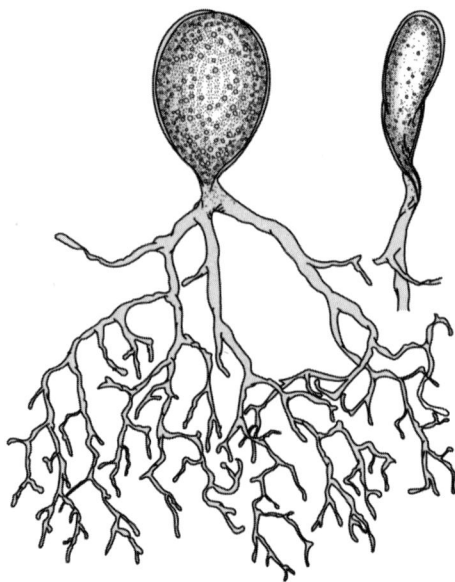

气球藻

本属有 7 ～ 8 种，中国有 1 种。代表种为气球藻，藻体为单细胞多核体，由球形或卵形的上部（地表）和分枝状假根的下部（地下）组成。地上部分中空。色素体盘状，多数。

无隔藻属

无隔藻属是黄藻门黄藻纲无隔藻目无隔藻科的一属藻类植物。

◆ 地理分布

无隔藻属广泛分布于世界各地，为常见的丝状藻类。多生长于温度较低的环境，且春秋季节较多；在浅水或潮湿的土壤上和一些滨海含盐的沼泽中也有分布，少数种类分布在海水中。

◆ **形态特征**

无隔藻属植物体为管状多核体，藻丝圆柱形，侧面或不规则分枝，形成毡状团块，常具无色假根。细胞壁薄，细胞质外层具许多椭圆形或透镜形的色素体，内层具许多小的细胞核，储藏物质为油滴。

◆ **分类和代表性物种**

根据精子囊的特征，可将本属分成 12 组，中国产 7 组。代表种为无柄无隔藻，雌雄同株，有性生殖器官生于主丝上，通常 1 ～ 2 个卵囊和 1 个精子囊并生。卵囊形状变化较大，多数卵形，长 66 ～ 86 微米，直径 50 ～ 72 微米，无柄或具短柄，具明显的喙状突起，喙的形状和长短也有较大变化，先端具圆形开口；卵孢子充满卵囊并与卵囊同形，大小为（48 ～ 70）微米 ×（64 ～ 83）微米，胞壁厚，明显分层。精子囊位于两个卵囊的中间或单一卵囊的一侧，直径 22 ～ 32 微米，具直或略弯的柄，长圆筒状，环状卷曲，末端具圆孔状开口。

定鞭藻

定鞭藻是藻类植物的一门。

定鞭藻多分布于海洋、海岸带，少数生活在淡水中，有的生长在咸水或半咸水中，是海洋微型浮游生物群落的主要组成部分，在中纬度海域数量最大。

定鞭藻多为单细胞，具 2 根光滑的鞭毛，另具 1 根鞭毛附生或定鞭于 2 根鞭毛之间。细胞表面通常覆盖鳞片。鳞片在多数情况下钙化成球石粒。色素体 2 个，周生，片状，金黄色或黄褐色，每个色素体含 1 个淀粉核，通常没有或具 1 个眼点（如巴夫藻）。贮藏物质为金藻昆布糖或麦清蛋白。细胞表面含有细胞质（伪足）或胞质丝（丝状伪足），某些种类在生活史中会形成变形虫状、颗粒状、胶群体状或丝状体。繁殖方式为有性生殖或无性生殖，有性生殖在土栖藻目中更普遍。

本门仅有 1 纲，即颗石藻纲。

土栖藻属

土栖藻属是定鞭藻门颗石藻纲土栖藻目土栖藻科的一属藻类植物。土栖藻属多分布于海水中，少数生活在淡水或半咸水中。

土栖藻属植物体为单细胞，无细胞壁，表面覆盖有机质鳞片。细胞呈球形、卵形、长卵形等多种性状；前端具 2 根等长或略长于细胞的鞭毛，能够自由运动，2 根鞭毛间具 1 根很短的附着鞭毛。色素体 2 个，周生，片状，蛋白核 1 个，位于色素体之间。具 1 个大的、球形的昆布糖颗粒，位于细胞后端。

本属有 25 种，1 变种。代表性物种为小土栖藻。

小土栖藻

小土栖藻是定鞭藻门颗石藻纲土栖藻目土栖藻科土栖藻属的一种藻类植物。

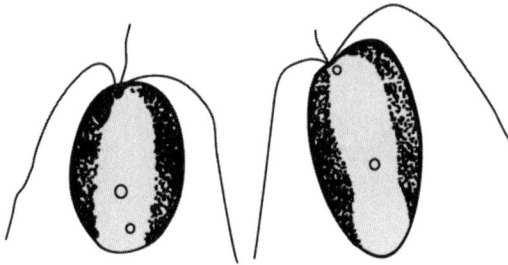

小土栖藻

小土栖藻生长在咸水或半咸水中。

小土栖藻植物体为单细胞，无细胞壁。细胞呈卵形，长 7～11 微米，宽 5～6 微米，前端斜截。具 2 根等长或略长于细胞的鞭毛，2 根鞭毛之间具 1 根很短的附着鞭毛。色素体 2 个，周生，片状，蛋白核 1 个，位于色素体之间。具 1 个大的、球形的昆布糖颗粒，位于细胞后端。

小土栖藻能分泌强力外毒素——土栖藻毒素，可引起鱼类死亡。

绿网藻

绿网藻属

绿网藻属是绿网藻门绿网藻纲绿网藻目绿网藻科的一属藻类植物。

绿网藻属是海洋藻类。最先发现于大西洋的加那利群岛，在墨西哥的佩尼亚斯科港、索诺拉州有分布，中国未见报道。

藻体为单细胞，典型的变形虫类型。由于具有向四周延伸的丝状伪足而形成网状的群体，每个细胞有几个叶绿体形成网状，含有叶绿素 a 和叶绿素 b，每个叶绿体由 4 层膜结构包被，含有 1 个明显突出的淀粉粒，并且在叶绿体膜和叶绿体内质网结构之间还有一个充满原生质体的周质体区，含有核糖体似的颗粒物以及核形体。动孢子是单鞭毛，游泳时鞭毛的后部卷曲地缠绕着细胞。

本属仅有 1 种。中国未见报道。

比奇洛藻属

比奇洛藻属是绿网藻门绿网藻纲绿网藻目绿网藻科的一属藻类植物。

比奇洛藻属是海洋藻类，分布于大西洋的马尾藻海。中国未见报道。

比奇洛藻属为单细胞鞭毛藻，含有叶绿素 a 和叶绿素 b。细胞的一根鞭毛插入细胞的一段，鞭毛上具有一排更细的毛状物。另外一根只有鞭毛基体。叶绿体和核形体相连。

本属有 2 种，模式种为浮游比奇洛藻。

浮游比奇洛藻

浮游比奇洛藻是绿网藻门绿网藻纲绿网藻目绿网藻科比奇洛藻属的一种藻类植物。

浮游比奇洛藻分布于大西洋的马尾藻海，属于海洋浮游藻类。中国未见报道。

浮游比奇洛藻为单细胞鞭毛藻，含有叶绿素 a 和叶绿素 b。细胞圆形至椭圆形，直径在 4 ～ 8 微米。鞭毛长 9 ～ 19 微米。具有一个两半分的叶绿体，一个蛋白核明显地从两半分叶绿体的峡部突出来。

原绿藻

原绿藻是藻类植物的一门。

◆ **地理分布**

原绿藻全球性分布，海水和淡水中都有发现，但种类很少。其中，原绿藻属常常是在热带性海洋与海鞘和海绵类动物共生。1980 年，中国学者在西沙群岛发现的原绿藻着生于苔藓虫群体表面；而原绿球藻属在海洋中初级生产者中所占比例非常大；原绿丝藻属是生活在淡水中的浮游藻类。

◆ **形态特征**

原绿藻植物体从单细胞到丝状体。单细胞的个体常常呈球形，而组成丝状体的细胞则呈长柱形。细胞的大小从不足 1 微米到 20 多微米。细胞没有典型的细胞核和细胞器，细胞内的光合色素含有叶绿素 a 和叶绿素 c，但是不含藻胆素。

◆ **分类系统**

本门有 1 纲 1 目 1 科 3 属，分别为原绿藻属、原绿丝状藻属、原绿球藻属，共 4 种。中国有 2 属，即原绿藻属和原绿球藻属。由于以上 3

属的原核细胞特性，加上分子系统学的证据表明原绿球藻在亲缘关系、生理和生态特性更接近于蓝藻的聚球藻，所以近年来的藻类的分类系统把原绿藻归入蓝藻类。

◆ 价值

自1977年建立原绿藻门后，它被认为兼有蓝藻门和绿藻门的特性，是研究原核生物到真核生物进化的重要材料，因而受到研究者的普遍重视。对原绿藻超微构造的研究表明，它的类囊体结构同绿色真核植物的叶绿体相似，说明其超微构造具有重要的研究价值。

原绿藻属

原绿藻属是原绿藻门原绿藻纲原绿藻目原绿藻科的一属藻类植物。

原绿藻属全球性分布，海生。

本属仅含1种，即原绿藻，单细胞，球形，没有典型的细胞核和细胞器。植物体从单细胞到丝状体。单细胞的个体常常为球形，而组成丝状体的细胞则为长柱形。细胞的大小从不足1微米到20多微米。细胞没有典型的细胞核和细胞器，细胞内的光合色素含有叶绿素a和叶绿素b，但是不含藻胆素。

原绿球藻属

原绿球藻属是原绿藻门原绿藻纲原绿藻目原绿藻科的一属藻类植物。

◆ **地理分布**

原绿球藻属广泛分布于热带、亚热带和温带大洋海域、边缘海以及海湾中，甚至在亚极地海也有分布。中国东海、南海和黄海的东南部均有分布。

◆ **形态特征**

原绿球藻属植物体为单细胞，呈球状或棒状，细胞的直径小于0.6微米。细胞内的光合色素含有二乙烯基叶绿素a、叶绿素b、α-胡萝卜素，但是不含藻胆素。

◆ **分类和代表性物种**

本属只有1种，即海洋原绿球藻，被认为是最小的光合放氧原核生物。蓝藻研究者把原绿藻门的藻类统统归为蓝藻类，原绿球藻属就属于蓝藻门蓝藻纲聚球藻目原绿藻科。特别是分子系统学的证据显示，原绿球藻属和聚球藻的亲缘关系比和原绿藻属及原绿丝藻属的关系还要近。

◆ **价值**

原绿球藻在自然海区分布的数量极大，原绿球藻的数量一般比聚球藻高一个数量级，比超微型真核浮游植物高两个数量级，是已发现的丰度最高的光合自养生物。在南北纬40°之间的各大洋的表层到真光层底部，是这些海区自养生物中细胞数量上的绝对优势种。不仅如此，原绿球藻还是生物量和初级生产力的主要贡献者，在世界上许多海域的原绿球藻都占总叶绿素生物量的30%左右。海洋原绿球藻可以单独培养，已经有许多培养藻株，并且已经完成了许多不同海洋的藻株的全基因组测序和完成图。

原绿丝藻属

原绿丝藻属是原绿藻门原绿藻纲原绿藻目原绿藻科的一属藻类植物。

◆ 地理分布

原绿丝藻属主要分布在北欧的淡水或者半咸水中。模式种荷兰原绿丝藻是与荷兰阿姆斯特丹附近的洛斯德莱特湖的丝状蓝藻水华一起被发现的。后来在其他的荷兰湖泊，如彻克湖也有发现。本属的第二个种 *P. scandica* 是从瑞典斯德哥尔摩的梅拉伦湖发现并命名的。所以，本属通常被认为分布在有大量蓝藻出现的淡水富营养化水体中。中国未见报道。

◆ 形态特征

原绿丝藻属植物体为丝状体，外面无胶被，不分枝，藻丝长小于250微米。荷兰原绿丝藻藻丝的细胞长 11.8±0.9 微米，宽 1.6±0.1 微米，长宽比为 7.4 ：1。*P. scandica* 的藻丝细胞长 7.4±0.7 微米，宽 2.1±0.1微米，长宽比为 3.5 ：1。细胞间有很明显的连接点，宽度在细胞宽的1/8 ~ 1/5。细胞内含有气囊结构。

◆ 分类和代表性物种

本属是原绿藻门中唯一的淡水属。蓝藻研究者把原绿藻门的藻类统统归为蓝藻类，原绿丝藻属就属于蓝藻门蓝藻纲聚球藻目原绿藻科。

本属已报道 2 种，即荷兰原绿丝藻和 *P. scandica*，均分布于淡水中。2 个种类的生态位相似，但是形态（藻细胞的长宽比）、最佳生长温度、脂肪酸的成分含量、DNA 的 GC 含量、DNA-DNA 杂交的相似度，以及 16S-23S rRNA 的间隔区 ITS 的差别等都足以支持它们的分别存在。

隐　藻

隐藻是藻类植物的一门。

隐藻世界广泛分布。在寒带、温带和热带的海洋，以及陆地上的溪流、湖泊、水库、水坑中都有分布。

隐藻为单细胞种类，大多数隐藻的细胞呈近椭圆形，细胞形态不规则，无对称轴，可明确区分背腹侧和左右侧。通常略纵扁，腹侧平直或略凹入，背侧略隆起。腹侧前端附近具有向后延伸的沟裂和胞咽。在沟裂和胞咽两侧以及细胞其他位置的表面，排列有喷射体。大型喷射体排列在沟裂和胞咽两侧，小型喷射体排列在细胞其他位置的表面。细胞无纤维素的细胞壁，表面由周质体包裹。鞭毛多为 2 根，略不等长。色素体 1～2 个，大型片状，也有无色素体的，色素除叶绿素 a 和叶绿素 c 外，还含有 α-胡萝卜素、甲藻黄素及藻胆素等。具蛋白核或无。贮藏物质为淀粉粒和油滴。细胞单核，位于细胞后部。淡水种类具有伸缩泡，位于细胞前端。

　　隐藻的繁殖方式主要以有丝分裂为主。简单的细胞纵裂进行无性繁殖。有些种类可通过形成胞囊或黏液包裹的四集藻型，再产生与营养细胞同样的个体。

　　本门仅有 1 纲，即隐藻纲，中国有报道。

隐藻属

　　隐藻属是隐藻门隐藻纲隐藻目隐藻科的一属藻类植物。隐藻属广泛分布于全球各种淡水和海水水体中。

　　隐藻属细胞橄榄绿色或黄褐色，近似椭圆形，无对称轴，背侧略隆起，腹侧平或略凹入。色素体 1 或 2 个，大型片状，有 1 至数个蛋白核。具有结构复杂的沟裂胞咽复合体。略长的鞭毛两侧着生有 2 排微管丝，微管丝顶端具有 1 根终端纤维；较短的鞭毛一侧着生有 1 排微管丝，微管丝顶端具有 2 根不等长的终端纤维。经常形成被黏液包

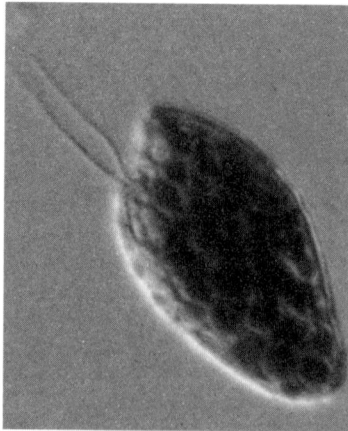

啮蚀隐藻

裹的密集群体。内侧周质体是由椭圆形的板片构成。色素体含有藻红素 566（PE Ⅲ）。

　　本属有 60 种，中国已报道 12 种。常见的种类有卵形隐藻、倒卵形隐藻、马索隐藻等。代表性物种为啮蚀隐藻，细胞近卵圆形，前端钝圆，较后端略宽。腹侧扁平，背侧显著隆起，形成角状。细胞长 13 ～ 35 微米，宽 6 ～ 21 微米，厚 5 ～ 17 微米。沟裂不明显，胞咽从细胞前端腹侧前庭处延伸至细胞中部。胞咽两侧排列有 2 至数列大型喷射体。细胞具有 2 个橄榄绿色瓣状色素体，其上无蛋白核。细胞内可见数量较多的淀粉粒。2 根鞭毛略不等长，长度约为细胞长度的 1/2。

本书编著者名单

编著者 （按姓氏笔画排列）

丁兰平	马方舟	王　毅	王广策
王民生	王全喜	王旭雷	王秀良
王宏伟	毕列爵	刘开林	刘国祥
刘都才	孙　宇	严兴洪	李仁辉
李尧英	别之龙	张会芳	张钢民
张峻甫	张德瑞	陆勤勤	陈龙清
陈嘉佑	陈德昭	范亚文	金德祥
赵凯歌	赵素芬	柏连阳	逢少军
施之新	洪加奇	洪德林	夏邦美
徐海根	高亚辉	郭　媛	隋正红
董美龄	韩福山	傅承新	谢树莲